풀꽃,
어디까지 알고 있니?

물꽃,
어디까지 알고 있니?

초판 1쇄 발행 2024년 3월 13일

지은이   이동혁

펴낸이   강기원
펴낸곳   도서출판 이비컴

편 집   한주희
표 지   오정화
마케팅   박선왜

주   소   (02635) 서울 동대문구 고산자로 34길 70, 431호
전   화   02-2254-0658 팩 스 02-2254-0634
등록번호   제6-0596호(2002.4.9)
전자우편   bookbee@naver.com
I S B N   978-89-6245-222-8 (43470)

꽃쟁이 혁이삼촌이 들려주는 풀꽃들의 새로운 비밀

풀꽃,
어디까지 알고 있니?

글·사진 이동혁

이비락 樂

다시 첫 마음으로 돌아와서

안녕하세요, 여러분? 나는 식물을 연구하고 사진 찍고 글도 쓰고 책으로 만드는 일을 하는 혁이삼촌 이동혁이에요. 원래 물리학 전공자지만 다시 들어간 대학에서 국어국문학을 함께 전공했어요. 그때만 해도 막연히 나는 문학 하는 사람이 되어야지 하고 생각했어요. 그런데 시(詩)를 잘 쓰려면 식물 이름을 잘 알아야 한다고 해서 시작한 식물 공부가 문학 공부보다 더 재미있어서 직업이 되었고, 어느덧 21년이라는 세월이 지나면서 식물전문가가 되었어요.

그러고 보니 첫 책을 만든 지도 18년이나 지났네요. 그동안 여러 권의 식물 책을 혼자서 만들었고, 여러 기관에 식물 관련 글도 많이 써서 보냈어요. 국립수목원에 입사해서는 좀 더 학문적인 연구에 몰두해 각종 보고서와 교과서도 만드는 데도 동참했어요.

그러다 다시 첫 마음으로 돌아와서 이 책을 만들게 됐어요. 그 시작점에는 '앉은부채'라는 식물이 있어요. 벌들이 얼마 없는 이른 봄에 꽃 피는 앉은부채는 어떤 곤충이 와서 꽃가루받이를 돕는 걸까, 하는 궁금증이 좀처럼 풀리지 않았어요. 그래서 앉은부채가 사는 장소를 여러 군데 찾아가서 일일이 관찰하고 기록했어요. 그러다 뜻밖에도 양봉꿀벌이 와서 앉은부채의 꽃가루받이를 돕는다는 사실을 알아냈어요. 그 후로도 계속 관찰하고 해외의 여러 논문을 찾아 읽어보면서 앉은부채에 관해 잘못된 속설과 정보가 너무 많이 떠돈다는 사실을 알았어요. 그중 어느 업체에서 만든 앉은부채 제작물은 너무 엉터리여서 화가 날 정도였어요. 잘못 알려진 자료 중 흥미 위주의 내용만을 골라 공상 소설처럼 과장해 만들어

무책임하게 청소년용으로 제공하고 있었어요. 이를 보다 못해 수정을 요청했더니 게시물 제공을 더는 하지 않겠다고 알려왔어요.

그 밖에도 여러 식물에 대해 잘못된 정보가 사실처럼 둔갑해 인터넷에 떠도는 것을 보면서 깨달았어요. 올바른 정보를 제공하는 청소년용 책의 필요성이 얼마나 절실한지를! 그래서 그동안 꽃가루받이를 연구하면서 공부한 곤충 이야기, 그리고 열매나 씨의 전파를 연구하면서 공부한 새(조류) 이야기도 이 책에 담기로 했어요. 또한 최근 들어 지구의 환경이 급격히 변하면서 생태계에 나타나는 여러 현상을 올바르게 이해하고, 우리가 어떻게 하는 것이 현명한 대처 방법인가 하는 것도 알려주려고 노력했어요.
그렇지만 아무리 흥미롭고 재미있는 이야기라도 책으로 만드는 것은 쉽지 않은 일이에요. 첫 책을 만들었던 18년 전과 비교해 식물을 더 많이 알게 되었고 사진 솜씨도 좋아졌지만 어려운 말을 많이 써야 하는 과학적 현상을 쉬운 말로 풀어내 설명하는 것은 참 고민스러운 일이었어요. 그런 고민을 하나하나 극복해 가면서 바느질하듯 한땀 한땀 엮어 만든 것이 바로 이 책이에요.

한 가지 바람이 있다면, 이 책을 통해 식물과 자연에 관심 두는 사람이 많아졌으면 좋겠다는 것이에요. 그래서 이 책을 읽은 여러분과 만나 자기가 본 식물 이야기도 하고 곤충 이야기도 하고 새 이야기도 즐겁게 나눌 기회가 있었으면 좋겠어요. 언젠가 꼭 그런 날이 오기를 바라면서 여러분에게 이 책을 드려요.

혁이삼촌 이동혁

차 례

둘째 마당 들에서 만나는 풀꽃 친구

셋째 마당 물가와 바닷가에서 만나는 풀꽃 친구

넷째 마당 심어 기르는 곳에서 만나는 풀꽃 친구

책의 구성과 특징

이 책은 우리나라에서 산과 들, 물가와 바닷가, 심어 기르는 풀꽃으로 나눈 **대표 풀꽃 51종과 닮은 풀꽃 95종 등 총 146종**을 친절하게 소개합니다. 책의 특징은 각 풀꽃 소개와 더불어 최근 지구 환경 변화에 따른 생태계에 나타나는 여러 가지 현상을 자세히 알려 주고, 곤충과 새를 통한 식물의 꽃가루받이와 씨앗 전파에 관한 이야기까지 흥미롭게 담았습니다.

❶ 풀꽃 이름 외

대표사진과 함께 이름, 과명, 학명, 서식지, 자라는시기를 설명해요.

❷ 생김새

풀꽃의 꽃차례, 잎 모양, 꽃의 암술과 수술의 위치, 열매 등을 설명해요.

❸ 용어 해설

본문 설명 중 볼드 처리한 전문 용어를 설명해요.

❹ 이야기1

풀꽃이 자라는 과정과 단계, 수정 등을 설명해요.

---

❶ 눈 속에서도 피는 꽃 앉은부채 (천남성과)

Symplocarpus renifolius Schott ex Tzvelev
전국의 경내 이북 산지의 계곡 습지와 그늘진 경사지에서 자라요. 2~4월에 꽃 피는 여러해살이풀

경기도 남양주시 수동계곡의 앉은부채

앉은부채는 잘못 알려진 것이 많아요. 이름만 해도 그래요. 꽃차례가 앉은 부처님의 머리를 닮아 '앉은부처'라고 하다가 '앉은부채'로 되었다는 이야기가 있지만 앉은부처로 쓰였다는 기록은 어디에도 없어요. 북한에서 부르는 '산부채풀(山부채풀)'은 부채 모양의 잎에서 지은 이름이 분명해요. 중국에서는 '냄새 나는 배추'라는 뜻에서 취송(臭松)이라고 해요. 일본에서는 과선초(座禪草, ざぜんそう)라고 하는데, 스님이 앉아서 수행하는 방식인 좌선(座禪)과 관련이 있어요. 그것처럼 앉은부채도 앉기 좋은 방석처럼 생긴 부채 모양의 잎이라는 뜻의 이름 같아요.

부처의 좌선, 출처 pixabay

❷ 용어해설 꽃차례는 도깨비방망이, 잎은 배춧잎

앉은부채는 일년에 먼저 꽃을 피워요. 꽃을 갈라 보면 꽃잎 대신 **화피**라고 부르는 것이 4장 덮여요. 그 가운데에서 1개의 **암술**이 솟고, 시간이 지날수록 화피 안쪽에서 4개의 **수술**이 암술을 둥근 채 피어나요. 이런 꽃이 여러 개가 둥글게 모여서 **꽃차례**를 이뤄요. 그 모습이 도깨비방망이 같기도 하고 스님의 까까머리 같기도 하고 거북의 등딱지 같기도 해요. 이 특이한 꽃차례를 둥글게 둘러싸는 것을 **불염포**(佛焰苞)라고 하는데, 색이 매우 다양해요. 잎은 꽃이 지면서 뾰족하게 자라기 시작해요. 여름이 될 때까지 계속 커져서 배춧잎처럼 되고 그래서 여름 앉은부채 군락지에 가보면 배추밭에 온 느낌이 들어요. 열매는 둥글고 물컹하게 익어요.

앉은부채 꽃 구조

검은 덩어리로 보이게 익은 물컹한 열매

부채처럼 넓적하게 자라난 잎 (잎)

불염포가 노란색인 것

---

❹ 이야기1 수술보다 암술 먼저! 열 내는 식물?

꽃가루가 암술머리로 옮겨지는 일을 **꽃가루받이**라고 해요. 앉은부채는 꽃끼리 너무 가까이 다닥다닥 붙어 있다 보니 제 꽃가루가 제 암술머리에 닿는 **제꽃가루받이**가 일어나기 쉬워요. 그렇게 제꽃가루받이로 열매를 맺으면 다 가까운 성질을 가진 후손만 만들게 돼요. 그러면 환경이나 기후가 크게 변할 때 또는 어떤 질병이 돌았을 때 한꺼번에 사라질 위험이 커요. 얼마쯤은 살아남아야 하는데 모두 특유으로만 살아남는 개체가 하나도 없을 가능성이 큰 거예요. 그래서 자신과 같지 않고 조금이라도 다른 후손을 만드는 것이 좋다는 사실을 안 식물은 제 꽃의 꽃가루가 아닌 다른 꽃의 꽃가루를 받아들여 서로의 성질을 섞는 **딴꽃가루받이**를 해요.

• 꽃가루받이 : 수술의 꽃밥이 암술의 암술머리로 옮겨지는 일
• 제꽃가루받이 : 자기의 꽃가루가 자기의 암술머리로 옮겨가는 일
• 딴꽃가루받이 : 다른 꽃의 꽃가루가 자기의 암술머리로 옮겨가는 일

제꽃가루받이를 피하려는 식물은 암술이 자라는 시기와 수술이 자라는 시기를 다르게 해요. 암술 먼저 자라게 하거나 수술 먼저 자라게 하는 방법이 있는데 앉은부채는 암술이 먼저 자라게 하는 쪽을 택했어요. 꽃차례는 보통 15~40일 정도 살아요. 그 중 암술이 자라는 시기는 1~2주 정도이고, 이때야말 꽃가루받이가 이루어져요. 이 시기가 끝나면 수술이 자라는 시기로 바뀌어 2~3주 정도 꽃가루를 만들어요. 이런 과정이 모든 앉은부채에서 똑같이 일어나는 것이 아니라 조금씩 달라요. 그래야 꽃가루를 주고받을 수 있어요.

앉은부채 꽃차례의 보이게 시기

1단계(암술기 초기)

2단계(암술기)

3단계(암술기)

4단계(수술기)

5단계(수술기 후기)

앉은부채는 스스로 열을 내어 눈을 녹이며 핀다는 이야기가 있어요. 그것은 반은 맞고 반은 틀리는 이야기예요. 몸속의 작은 기관을 활용해 열을 내는 것은 맞아요. 하지만 눈을 녹여낼 정도의 열은 아니에요. 불염포 안쪽이 바깥쪽보다 따뜻하다 보니 앉은부채 위로 눈이 내리면 불염포 주변부터 눈이 녹아 앉은부채가 눈을 녹이면서 피는 것처럼 보일 뿐이에요.

그런데 앉은부채는 왜 힘들여 불염포 안을 따뜻하게 덥히는 걸까요? 따뜻한 쉼터나 잠자리를 마련해 곤충을 오게 만들려고 그런다는 이야기가 있어요. 또 파리류나 딱정벌레류를 유인하기 위해 색을 내뿜고 그런다는 이야기도 있고요. 하지만 모두 확인되지 않은 이야기일 뿐이에요. 혹시 그 냄새를 맡고 찾아온 곤충이 있다고 하더라도 앉은부채의 불염포 안에는 먹어가는 것, 즉 먹을 만한 것이 없으므로 금방 도로 나갈 거예요.

앉은부채가 열을 내는 이유는 암술과 수술을 순서대로 자라게 하는 데 있어요. 특히, 꽃가루받이하는 암술을 자라게 하려면 따뜻한 온도가 필요해요. 그래서 앉은부채는 항상 불염포 안쪽의 온도를 바깥 온도보다 높게, 그리고 일정하게 유지하려고 애써요. '무조건 따뜻하게가 아니라 '일정한 온도로 따뜻하게'로 하는 것이 중요해요. 불은 이때에는 불염포를 최소한으로 내 주어 열을 적게 내고, 그래야 열에 의해 빠져나가지 않으므로 암술이 자라는 시기가 끝나고 수술이 자라는 시기로 접어들면 앉은부채는 불염포를 활짝 연 채 더는 열을 내지 않아요. 암술이 자라는 시기가 끝났으니 더는 열을 낼 필요가 없어요. 불염포는 한 번 열면 도로 닫을 수 없어요. 섣불리 많이 열면 안쪽 온도가 떨어져 암술이 자라지 않고, 적게 열면 곤충을 받아들이기 어려우니 꽃가루받이가 되지 않아요. 그러므로 불염포를 언제 어느 만큼 열어야 좋을지 잘 결정하는 일이 앉은부채에게 중요해요.

14   15   16   17

본문 중의 '이야기'는 풀꽃의 성장, 꽃가루받이 과정, 자연 속 공생관계 및 초중고 교과 문학작품 등과도 연결하여 골고루 재미있게 소개합니다. 또한 식물 특성에 따라 우리의 생활 속 쓰임새와 비슷한 종의 닮은 친구들을 알아보고 '그거 알아요?'는 해당 식물에 관해 새롭게 알게 된 사실들을 전해줍니다.

이야기2 누가 와서 도와줄까? ❺

앉은부채의 꽃에 어떤 곤충이 와서 꽃가루받이를 돕는지는 잘 알려지지 않았어요. 그러다 최근에야 앉은부채의 꽃가루받이 곤충은 **양봉꿀벌**이 거의 유일하다는 사실이 밝혀졌어요. 양봉꿀벌은 우리가 생각하는 것보다 훨씬 더 추위가 채 가시지 않은 2월부터 깨어나 앉은부채를 찾아와요.

그런데 3월로 접어들면 앉은부채를 찾아온 양봉꿀벌의 수가 상당히 줄어들어요. 꽃 피는 앉은부채의 수가 계속 늘어나는데도 말이에요. 그렇게 양봉꿀벌의 방문율이 뚝 줄기는 이유는 단순해요. 그즈음인 3월부터는 매실나무, 살구나무, 산수유, 생강나무, 진달래 등 여러 나무 꽃과 풀꽃들이 피어나 양봉꿀벌을 모두 그리로 빼앗기기 때문이에요. 그러므로 앉은부채는 다른 꽃들이 피기 전에 얼른 꽃가루받이 곤충을 유인해야 해요.

최근 들어 **지구온난화**로 인한 기후변화로 봄꽃이 피는 시기가 앞당겨지면서 앉은부채가 다른 식물에게 꽃가루받이 곤충을 빼앗기는 일도 많아지게 되었어요. 앉은부채도 그만큼 더 일찍 꽃 피면 될 것 같지만, 그게 그렇게 간단하지 않아요. 앉은부채의 꽃 피는 시기가 겨울과 맞물려 있어서 그래요. 성급히 꽃 피웠다간 언제 갑자기 닥칠지 모를 추위에 해를 입기 쉬워요. 그러니 기후변화로 봄이 성큼 빨라진다면 앉은부채는 꽃가루받이 곤충을 다른 꽃에 더 빨리 빼앗기게 되고, 그에 맞춰도 그만큼 어려워져요. 안 그래도 높은 기온과 가뭄으로 물이 부족해 꽃 피는 앉은부채가 점점 줄어드는데 열매까지 맺기 어려워지니 이레저레 앉은부채의 앞날은 걱정스럽기만 해요.

담은부채의 꽃차례에서 활동하는 양봉꿀벌

- **양봉꿀벌**: 꿀을 얻으려 통을 농가에서 길러지는 꿀벌의 일종(서양꿀벌)
- **지구온난화**: 여러 원인으로 지구의 평균 온도가 점점 올라가는 일

이야기3 들쥐야, 도와주렴! ❻

앉은부채의 열매는 잘 만들어지지 않는 데다 익을 때까지 달린 모습을 보기가 어려워요. 열매를 들쥐가 물어다가 먹기 때문이에요. 물린 음식을 저장하는 습성이 있어서 앉은부채의 열매를 골잘 따 가다고 해요. 푹신한 부분만 먹고 씨를 버리면 거기서 새싹이 나는 방법으로 앉은부채가 번식한다고 알려졌어요. 그래서 열매 주변에 가시 달린 밤송이를 얹어놓으면 들쥐가 가져가지 못해 앉은부채의 익은 열매를 볼 수 있다고 해요.

앉은부채 가족

물러진 열매 속에든 씨

쓰임새 묵나물, 호랑이배추 ❼

앉은부채의 몸에는 독이 있어요. 먹을 것이 부족했던 옛날에는 독이 있는 앉은부채의 잎도 여러 번 우려내어 말린 후 **묵나물**로 만들어 먹었다고 해요. 민간에서는 앉은부채를 '호랑이배추'라고 불렀어요. 독성이 강해서 잘못 먹으면 호랑이만큼이나 우셔운 복통과 설사를 겪는다는 뜻이라고 하니 상당히 매도 무서워요. 양쪽의 뿌리줄기를 이용해 흥분을 가라앉히거나 열을 내리는 등의 약제로 쓰기도 하지만 함부로 먹거나 약으로 쓰는 일은 삼가는 것이 좋아요.

- **묵나물**: 말리거나 삶아서 말린 후 묵혀 두었다가 조리해 먹는 나물

닮은 친구 ❽ 애기앉은부채

앉은부채와 비슷하지만, 꽃 피는 시기는 여름으로 독특한 친구가 있어요. 바로 '애기앉은부채'에요. 크기가 작아서 '애기' 자가 붙었어요. 앉은부채와 애기앉은부채는 서로 비슷하게 생겼지만, 완전히 다른 방식으로 살아요. 이른 봄에 꽃 피는 앉은부채와 달리 애기앉은부채는 봄에 내놓은 잎이 다 진 늦여름에야 꽃을 피워요. 여름에 피는 꽃이다 보니 애기앉은부채는 처음부터 불염포를 활짝 연 채 곤충을 받아들여요. 불염포 안을 덥힐 필요가 없으므로 당연히 열도 내지 않아요. 여름은 곤충의 활동이 활발한 시기이고 기온이 높아 그렇게 된 것 같아요. 과연 누가 더 잘한 선택인지 지금으로선 알 수 없어요. 다가올 미래의 기후나 환경이 어떤 식으로 변할지 아무도 모르니까요. 앉은부채가 조금 불리해지는 것 같기는 하지만 너무 더운 여름날이 많아지면서 애기앉은부채도 살기 힘든지 점점 사라지는 모습이라 안타까워요.

이름에 꽃 피는 애기앉은부채

봄에 돋아난 애기앉은부채의 잎

- 애기 귀엽고 작은 식물을 나타낼 때 이름 앞에 붙이는 말

그거 알아요? ❾ 새로운 앉은부채?

최근에 우리나라의 앉은부채가 일본의 것과 다르다는 사실이 밝혀졌어요. 그동안 우리나라의 일본의 것이 같은 줄 알고 있었거든요. 그런데 연구 결과 일본의 앉은부채와 비교해 한국의 것은 꽃차례와 불염포의 일이 크기 등이 작아 2021년에 우리나라의 것을 '한국앉은부채'라는 새 이름으로 발표했어요. 혼동을 피하려고 여기서는 일단 앉은부채라는 이름을 썼어요.

첫째 마당

산에서 만나는
풀꽃 친구

눈 속에서도 피는 꽃
앉은부채 (천남성과)

Symplocarpus renifolius Schott ex Tzvelev
전북과 경북 이북 산지의 계곡 주변이나 그늘진 경사지
에서 자라고 2~4월에 꽃 피는 여러해살이풀

경기도 남양주시 수동계곡의 앉은부채

앉은부채는 잘못 알려진 것이 많아요. 이름만 해도
그래요. 꽃차례가 앉은 부처님의 머리를 닮아 '앉은부
처'라고 하다가 '앉은부채'로 되었다는 이야기가 있지
만 앉은부처로 쓰였다는 기록은 어디에도 없어요. 북한
에서 부르는 '산부채풀(또는 삿부채)'은 부채 모양의 잎에서
지은 이름이 분명해요. 중국에서는 '냄새 나는 배추'라

부처의 좌선, 출처: pixabay

는 뜻에서 취숭(臭菘)이라고 해요. 일본에서는 좌선초(座
禪草, 坐禪草)라고 하는데, 스님이 앉아서 수행하는 방식인 좌선(坐禪)과 관련이 있어요.
그것처럼 앉은부채도 앉기 좋은 방석처럼 생긴 부채 모양의 잎이라는 뜻의 이름 같
아요.

14

생김새   꽃차례는 도깨비방망이, 잎은 배춧잎

앉은부채는 잎보다 먼저 꽃을 피워요. 꽃을 잘 보면 꽃잎 대신 **화피**라고 부르는 것이 4장 덮여요. 그 가운데에서 1개의 **암술**이 솟고, 시간이 지날수록 화피 안쪽에서 4개의 **수술**이 암술을 등진 채 자라나요. 이런 꽃이 여러 개가 둥글게 모여서 **꽃차례**를 이뤄요. 그 모습이 도깨비방망이 같기도 하고 스님의 까까머리 같기도 하고 거북의 등딱지 같기도 해요. 이 특이한 꽃차례를 둥글게 둘러싸는 것을 **불염포(佛焰苞)**라고 하는데, 색이 매우 다양해요. 잎은 꽃이 지면서 뒤늦게 자라기 시작해요. 여름이 될 때까지 점점 커져서 배춧잎처럼 돼요. 그래서 여름에 앉은부채 군락지에 가보면 배추밭에 온 느낌이 들어요. 열매는 둥글고 물컹하게 익어요.

• 화피(花被): 꽃잎인지 꽃받침인지 확실하게 구분되지 않을 때 쓰는 용어
• 암술: 씨방과 암술대와 암술머리로 이루어진 기관
• 수술: 꽃밥과 수술대로 이루어진 기관
• 꽃차례: 꽃이 순서대로 배열되는 모양
• 불염포(佛焰苞): 두꺼운 육질의 꽃차례를 둥글게 둘러싸는 특수한 조직

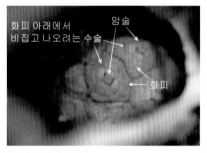

앉은부채의 꽃 구조

겉은 단단해 보여도 속은 물컹한 열매 (8월)

부채처럼 넓적하게 자라난 잎

불염포가 노란색인 것

이야기1 수술보다 암술 먼저! 열 내는 식물?

꽃가루가 암술머리로 옮겨지는 일을 **꽃가루받이**라고 해요. 앉은부채는 꽃끼리 너무 가까이 다닥다닥 붙어 있다 보니 제 꽃가루가 제 암술머리에 닿는 **제꽃가루받이**가 일어나기 쉬워요. 그렇게 제꽃가루받이로 열매를 맺으면 자기랑 똑같은

성질을 가진 후손만 만들게 돼요. 그러면 환경이나 기후가 크게 변했을 때 또는 어떤 질병이 돌았을 때 한꺼번에 사라질 위험이 커요. 얼마라도 살아남아야 하는데 모두 똑같으면 살아남는 개체가 하나도 없을 가능성이 큰 거예요. 그래서 자신과 같지 않고 조금씩 다른 후손을 만드는 것이 좋다는 사실을 안 식물은 제 꽃의 꽃가루가 아닌 다른 꽃의 꽃가루를 받아들여 서로의 성질을 섞는 **딴꽃가루받이**를 해요.

제꽃가루받이를 피하려는 식물은 암술이 자라는 시기와 수술이 자라는 시기를 다르게 해요. 암술 먼저 자라게 하거나 수술 먼저 자라게 하는 방법이 있는데 앉은부채는 암술이 먼저 자라게 하는 쪽을 택했어요. 꽃차례는 보통 15~40일 정도 달려요. 그중 암술이 자라는 시기는 1~2주 정도이고, 이때에만 꽃가루받이가 이루어져요. 이 시기가 끝나면 수술이 자라는 시기로 바뀌어 2~3주 정도 꽃가루를 만들어요. 이런 과정이 모든 앉은부채에서 똑같이 일어나는 것이 아니라 조금씩 달라요. 그래야 꽃가루를 주고받을 수 있어요.

앉은부채 꽃차례의 5단계 시기

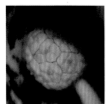 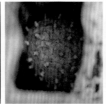  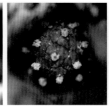 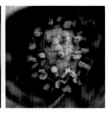

1시기(암술기 초기) 2시기(암술기) 3시기(양성기) 4시기(수술기) 5시기(수술기 후기)

앉은부채는 스스로 열을 내서 눈을 녹이며 핀다는 이야기가 있어요. 그것은 반은 맞고 반은 틀리는 이야기예요. 몸속의 작은 기관을 활용해 열을 내는 것은 맞아요. 하지만 눈을 녹여낼 정도의 열은 아니에요. 불염포 안쪽이 바깥쪽보다 따뜻하다 보니 앉은부채 위로 눈이 내리면 불염포 주변부터 눈이 녹아 앉은부채가 눈을 녹이면서 피는 것처럼 보일 뿐이에요.

그런데 앉은부채는 왜 힘들여 불염포 안을 따뜻하게 덥히는 걸까요? 따뜻한 쉼터나 잠자리를 마련해 곤충을 오게 만들려고 그런다는 이야기가 있어요. 또 파리류나 딱정벌레류를 유인하기 위해 썩은 내를 풍기려고 그런다는 이야기도 있고요. 하지만 모두 확인되지 않은 이야기일 뿐이에요. 혹시 그 냄새를 맡고 찾아온 곤충이 있다고 하더라도 앉은부채의 불염포 안에는 썩어가는 것, 즉 먹을 만한 것이 없으므로 금방 도로 나갈 거예요.

앉은부채가 열을 내는 이유는 암술과 수술을 순서대로 자라게 하는 데 있어요. 특히, 꽃가루받이하는 암술을 자라게 하려면 따뜻한 온도가 필요해요. 그래서 앉은부채는 항상 불염포 안쪽의 온도를 바깥 온도보다 높게, 그리고 일정하게 유지하려고 애써요. '무조건 따뜻하게'가 아니라 '일정한 온도로 따뜻하게'로 하는 것이 중요해요. 물론 이때에는 불염포를 최소한으로 아주 적게 열어요. 그래야 안쪽의 열이 빠져나가지 않으니까요. 암술이 자라는 시기가 끝나고 수술이 자라는 시기로 접어들면 앉은부채는 불염포를 활짝 연 채 더는 열을 내지 않아요. 암술이 자라는 시기가 끝나면 꽃가루받이 시기도 끝나므로 더는 열을 낼 필요가 없어요. 불염포는 한 번 열면 도로 닫을 수 없어요. 섣불리 많이 열면 안쪽 온도가 떨어져 암술이 자라지 않고, 적게 열면 곤충을 받아들이기 어려우니 꽃가루받이가 되지 않아요. 그러므로 불염포를 언제 어느 만큼 열어야 좋을지 잘 결정하는 일이 앉은부채에게 중요해요.

이야기 2 누가 와서 도와줄까?

앉은부채의 꽃에 어떤 곤충이 와서 꽃가루받이를 돕는지는 잘 알려지지 않았어요. 그러다 최근에야 앉은부채의 꽃가루받이 곤충은 **양봉꿀벌**이 거의 유일하다는 사실이 밝혀졌어요. 양봉꿀벌은 우리가 생각하는 것보다 훨씬 더 부지런해서 추위가 채 가시지 않은 2월부터 깨어나 앉은부채를 찾아와요.

앉은부채의 꽃차례에서 활동하는 양봉꿀벌

그런데 3월로 접어들면 앉은부채를 찾아오는 양봉꿀벌의 수가 상당히 줄어들어요. 꽃 피는 앉은부채의 수가 계속 늘어나는데도 말이에요. 그렇게 양봉꿀벌의 발걸음이 뚝 끊기는 이유는 단순해

- **양봉꿀벌**: 꿀을 만드는 양봉 농가에서 길러지는 꿀벌의 일종(서양꿀벌)
- **지구온난화**: 여러 원인으로 지구의 평균 온도가 점점 올라가는 일

요. 그즈음인 3월부터는 매실나무, 살구나무, 산수유, 생강나무, 진달래 등 여러 나무 꽃과 풀꽃들이 피어나 양봉꿀벌을 모두 그리로 빼앗기기 때문이에요. 그러므로 앉은부채는 다른 꽃들이 피기 전에 얼른 꽃가루받이 곤충을 유인해야 해요.

최근 들어 **지구온난화**로 인한 기후변화로 봄꽃이 피는 시기가 앞당겨지면서 앉은부채가 다른 식물에 꽃가루받이 곤충을 빼앗기는 일도 빨라지게 되었어요. 앉은부채도 그만큼 더 일찍 꽃 피면 될 것 같지만, 그게 그렇게 간단하지 않아요. 앉은부채의 꽃 피는 시기가 겨울과 맞붙어 있어서 그래요. 성급히 꽃 피웠다간 언제 갑자기 닥칠지 모를 추위에 해를 입기 쉬워요. 그러니 기후변화로 봄이 점점 빨라진다면 앉은부채는 꽃가루받이 곤충을 다른 꽃에 더 빨리 빼앗기게 되고, 열매 맺기도 그만큼 어려워져요. 안 그래도 높은 기온과 가뭄으로 물이 부족해 꽃 피는 앉은부채가 점점 줄어드는데 열매까지 맺기 어려워지니 이래저래 앉은부채의 앞날은 걱정스럽기만 해요.

이야기3 들쥐야, 도와주렴!

앉은부채의 열매는 잘 만들어지지 않는 데다 익을 때까지 달린 모습을 보기가 어려워요. 열매를 들쥐가 물어가기 때문이에요. 들쥐는 음식을 저장하는 습성이 있어서 앉은부채의 열매를 곧잘 따 간다고 해요. 푹신한 부분만 먹고 씨를 버리면 거기서 새싹이 나는 방법으로 앉은부채가 번식한다고 알려졌어요. 그래서 열매 주변에 가시 달린 밤송이를 얹어놓으면 들쥐가 가져가지 못해 앉은부채의 익은 열매를 볼 수 있다고 해요.

앉은부채 가족

물컹한 열매 속에 든 씨

쓰임새 묵나물, 호랑이배추

앉은부채의 몸에는 독이 있어요. 먹을 것이 부족했던 옛날에는 독이 있는 앉은부채의 잎도 여러 번 우려내어 말린 후 **묵나물**로 만들어 먹었다

• 묵나물: 말리거나 삶아서 말린 후 묵혀 두었다가 조리해 먹는 나물

고 해요. 민간에서는 앉은부채를 '호랑이배추'라고 불렀어요. 독성이 강해서 잘못 먹으면 호랑이만큼이나 무서운 복통과 설사를 겪는다는 뜻이라고 하니 상상만 해도 무서워요. 땅속의 뿌리줄기를 이용해 흥분을 가라앉히거나 열을 내리는 등의 약재로 쓰기도 하지만 함부로 먹거나 약으로 쓰는 일은 삼가는 것이 좋아요.

닮은 친구 애기앉은부채

앉은부채와 비슷하지만, 꽃 피는 시기를 여름으로 택한 친구가 있어요. 바로 '애기앉은부채'예요. 크기가 작아서 **'애기'** 자가 붙었어요. 앉은부채와

애기앉은부채는 서로 비슷하게 생겼지만, 완전히 다른 방식으로 살아요. 이른 봄부터 꽃 피는 앉은부채와 달리 애기앉은부채는 봄에 내놓은 잎이 다 지는 여름에야 꽃을 피워요. 여름에 피는 꽃이다 보니 애기앉은부채는 처음부터 불염포를 활짝 연 채 곤충을 받아들여요. 불염포 안을 덥힐 필요가 없으므로 당연히 열도 내지 않아요. 여름은 곤충의 활동이 활발한 시기이고 기온이 높아 그렇게 된 것 같아요. 둘 중에 누가 더 잘한 선택인지 지금으로선 알 수 없어요. 다가올 미래의 기후나 환경이 어떤 식으로 변할지 아무도 모르니까요. 앉은부채가 조금 불리해지는 것 같기는 하지만 너무 더운 여름날이 많아지면서 애기앉은부채도 살기 힘든지 점점 사라져가는 모습이라 안타까워요.

여름에 꽃 피는 애기앉은부채

봄에 돋아난 애기앉은부채의 잎

20

새로운 앉은부채?

최근에 우리나라의 앉은부채가 일본의 것과 다르다는 사실이 밝혀졌어요. 그동안 우리나라와 일본의 것이 같은 줄 알고 있었거든요. 그런데 연구 결과 일본의 앉은부채와 비교해 한국의 것은 꽃차례와 불염포와 잎의 크기 등이 작아 2021년에 우리나라의 것을 '한국앉은부채'라는 새 이름으로 발표했어요. 혼동을 피하려고 여기서는 일단 앉은부채라는 이름을 썼어요.

땅바닥에 떨어진 작은 별 무더기
너도바람꽃(미나리아재비과)

Eranthis stellata Maxim.
제주 제외 지역 산지의 계곡 주변에서 자라며
3~4월에 꽃 피는 여러해살이풀

경기도 광주시 무갑산의 너도바람꽃

"너도 바람꽃이니?"

너무 작고 앙증맞아서 산에서 만나면 그렇게 묻게 되는 꽃이 바로 너도바람꽃이에요. 눈이 덜 녹은 계곡 길에서 갑자기 감탄사를 터뜨리는 등산객들이 있다면 그 주변에 틀림없이 너도바람꽃이 환히 웃고 있을 거예요. 안 그래도 작고 예쁜 꽃이 무리지어 피어나면 땅바닥에 떨어진 별 무더기 같아요. 꽃이 귀한 시기에 피다 보니 만나면 너도 반갑고 나도 반가운 꽃이에요. 빠르면 2월 말부터 피므로 뒤늦게 눈이 내리면 눈 이불 밖으로 빼꼼히 얼굴을 내민 모습도 볼 수 있어요. 그렇게 일찍 꽃 피는 식물은 제 나름의 겨울나기 방법을 갖고 있어요. 너도바람꽃은 과연 어떤 방법으로 겨울을 나고 꽃 피울까요?

생김새 수술 같은 꽃잎, 꽃잎 같은 꽃받침잎, 과일 접시 같은 열매

너도바람꽃은 우리가 아는 꽃의 모양에서 많이 벗어나는 꽃 구조를 가졌어요. 언뜻 꽃잎처럼 보이는 흰색의 것이 **꽃받침잎**이에요. 5~9개까지 달리는데 보통 5장 정도 달려서 작은 별 같아요. 진짜 꽃잎은 꽃받침잎 안쪽에 있어요. 끝이 둘로 갈라지면서 노란색 **꿀샘**으로 되는데 마치 수술처럼 보여요. 그것이 동그랗게 배열되면 과녁 같기도 해요. 진짜 수술은 꽃잎 안쪽에 있어요. 암술은 수술 가운데에 여러 개가 세워져 있고요. 꽃받침잎 아래쪽에 잎처럼 생긴 것은 잎이 아니라 **포엽**이라는 조직이에요. 3장이고 가장자리가 여러 갈래로

- **꽃받침잎**: 꽃받침이 여러 개의 조각으로 되고 꽃잎처럼 보일 때 쓰는 용어
- **꿀샘**: 단맛은 내거나 꿀 향기를 풍기는 조직
- **포엽**: 꽃받침 아래에서 꽃을 감싸서 보호하는 잎처럼 생긴 조직

꽃받침조각은 흰색이고 **5~9**개

꽃잎은 **9~15**개이고 끝이 **2**갈래로 갈라진 노란색 꿀샘

수술

포엽

너도바람꽃의 꽃 구조

불규칙하게 갈라져요. 진짜 잎은 꽃이 지면서 뒤늦게 나와요. 열매는 익으면 옆으로 뉘어져 벌어지면서 은구슬 같은 씨를 드러내요. 그러면 과일을 담아놓은 접시 같아요. 그래서 너도바람꽃은 꽃보다 열매가 더 예쁘다는 사람도 있어요.

작은 별 무더기 같은 모습

꽃이 지면서 돋아나는 잎

벌어져 씨를 드러낸 열매

이야기 땅속의 보온 도시락

너도바람꽃처럼 이른 봄에 꽃 피는 식물의 공통점은 잎보다 먼저 꽃을 피운다는 데 있어요. 계절이 겨울에 가까우므로 섣불리 잎부터 내면 언제 닥칠지 모를 추위에 잎이 상하기 쉽고, 잎을 만드는 데 드는 시간도 오래 걸리기 때문에 그래요. 따라서 꽃 피는 데 쓸 에너지를 미리 준비해두어야 해요. 그러려면 겨우내 에너지를 모아놓을 수 있는 장소가 따로 필요하고요. 너도바람꽃의 저장 장소는 땅속에 있는 **덩이줄기**예요. 일종의 보

• 덩이줄기: 땅속에서 양분을 저장하는 통통한 덩이 모양의 줄기 조직

이른 봄에 쓸 에너지를 모아두는 덩이줄기

온 도시락이라고나 할까요? 그곳에 양분을 저장해두지 않으면 꽃 피는 데 필요한 에너지를 만들기 위해 추위 속에 잎을 내어 부지런히 양분을 모아야 해요. 물론 그렇게 하려다 보면 봄은 다 가고 말 거예요.

쓰임새 약재로 쓸까?

별다른 쓰임새는 없어요. 땅속의 덩이줄기를 약재로 쓴다고도 하지만 어떤 약효가 있는지 잘 알려지지 않은 것 같아요. 꽃이 너무 작고 짧은 기간에만 피므로 심어 기르기보다 산에서 만나는 친구로 삼는 것이 좋아요.

닮은친구 변산바람꽃, 바람꽃

너도바람꽃을 가장 많이 닮은 친구는 '변산바람꽃'이에요. 전북 부안군 변산반도에서 처음 발견된 바람꽃 종류여서 그런 이름이 지어졌어요. 변산뿐 아니라 전국 여

러 곳에서 자라요. 변산바람꽃은 너도바람꽃보다 조금 더 일찍 피는 편이어서 1년 중 가장 먼저 피는 꽃으로 꼽히기도 해요. 꽃의 구조를 보면 꽃잎

• 한국특산식물: 세계에서 오직 한국에서만 자라는 식물

이 둥근 깔때기 모양이고 포엽이 선 모양으로 깊게 갈라지는 점이 달라요. 전에는 학자들이 변산바람꽃을 보고도 그냥 지나쳤다고 해요. 너무 일찍 피어 잘 눈에 띄지 않는 데다 너도바람꽃과 비슷해서 말이에요. 우리나라에서만 자라는 **한국특산식물**인데도 학자들이 알아보지 못했다는 점이 신기해요.

너도바람꽃보다 일찍 피는 변산바람꽃

변산바람꽃의 꽃 구조

바람꽃 종류는 일가친척이 참 많아요. 거의 모두 봄에 꽃 피는데 진짜 바람꽃은 여름에 꽃 피어요. 설악산 이북의 높은 산에서 말이에요. 작고 여리여리한 다른 바람꽃 종류와 달리 '바람꽃'은 거센 바람이 많이 부는 높은 산에서 자라는데도 키가 크고 강인한 편이에요. 높은 산에서는 나무들도 살기 어려워 몸이 움츠러들면서 키가 작아지기 마련인데 풀꽃인 바람꽃은 서로가 버틸 수 있게 무리 지어 자라면서 더욱 크고 강인해졌어요. 만약 혼자였다면 그러지 못했을 거예요. 서로 힘을 합치고 살아야 높은 산의 거친 환경에서 살아남을 수 있다는 지혜를 아는 것 같아요. 더불어 살아가는 우리가 꼭 배워야 할 지혜예요.

설악산 대청봉에서 무리 지어 자라는 바람꽃

그거 알아요?

모데미풀

다양한 바람꽃 종류와 비슷하게 생겼지만, 모데미풀은 이름에 바람꽃이 들어가지 않는 친구예요. 전라남도 지리산 운봉의 모데기마을에서 처음 발견하여 이름 붙였다고 알려졌어요. 한국특산식물이고 희귀식물이어서 한국을 대표하는 식물 중 하나로 손꼽아요.

모데미풀

복수가 아닌, 희망과 위로의 선물

복수초(미나리아재비과)

Adonis amurensis Regel & Radde
제주 제외 지역 산지의 숲속에서 자라며
3~4월에 꽃 피는 여러해살이풀

경기도 남양주시 천마산의 복수초

　복수초는 일본에서 행복과 장수를 기원하며 새해 선물로 주고받는 풀이라고 해요. 일본식 이름인 데다 느낌이 좋지 않다 보니 '수복초'로 바꿔 부르자는 주장이 있었어요. 하지만 앙갚음을 뜻하는 나쁜 뜻의 그 복수(復讐)는 아니니까 굳이 바꿀 필요까지 있어 보이지는 않아요.

　북한에서는 '복풀'이라는 순우리말로 부른다고 해요. 우리 쪽 순우리말로는 눈을 삭이며(녹이며) 핀다고 해서 '눈색이꽃', 얼음 사이에서 핀다고 해서 '얼음새꽃'이라고 해요. 꽃잎이 벌어지기 전의 모습이 황금색 술잔 같아서 중국에서는 '측금잔화(側金盞花)'라고 해요. 이렇게 같은 꽃을 두고 나라마다 다른 이름으로 부른다는 것이 재미있어요.

노란 쟁반

복수초는 이른 봄에 잎이 나오기 전에 노란색 꽃부터 피워요. 줄기 끝에 1개씩 피고 5~15㎝ 높이로 자라요. 꽃받침잎은 흑갈색이고 8~9개로 많은 편이며 길이가 꽃잎보다 조금 긴 점이 특징이에요. 꽃잎은 노란색이고 10~30개에요. 한낮에 볕이 들 때만 꽃잎이 벌어져 황금빛 쟁반처럼 수평으로 펼쳐지고, 밤이면 오므라들어서 꽃봉오리가

꽃잎은 **10~30**개
꽃받침잎은 **8~9**개, 꽃잎보다 약간 긺
수술은 많음
암술도 많음

복수초의 꽃 구조

닫힌 아침에는 잘 보이지 않아 옆에 있어도 그냥 지나치기 쉬워요. 수술과 암술은 여러 개예요. 복수초의 노란 꽃에는 꽃가루를 먹으려고 파리류가 많이 날아들어요. 꽃가루를 먹고 돌아다니면서 자연스레 꽃가루받이를 해줘요. 잎은 꽃이 지면서 돋아요. 어긋나기하고 깃 모양으로 3~4차례 잘게 갈라져요. 열매는 여러 개가 한데 모여 별사탕 모양으로 달리고 표면에 짧은 털이 많아요.

꽃잎보다 긴 꽃받침잎

3~4차례 잘게 갈라지는 잎

별사탕 모양으로 달리는 열매

이야기 희망과 위로의 선물

복수초는 깊은 산골짜기에서 여느 꽃 못지않게 일찍 피어나요. 겨우내 쌓인 눈이 채 녹기도 전에 얼어붙은 땅을 부지런히 뚫고 올라와서 노란 꽃을 피워내는 모습이 겨울왕국에서 벌어지는 마술처럼 신기해요. 사람이 파려고 해도 잘 파지지 않는 딱딱한 땅을 어떻게 뚫고 올라오는지 모르겠어요.

병원에서 열린 사진전에 갔을 때였어요. 병원이라 그런지 하얀 눈 속에 핀 노란색 복수초 사진이 인기였어요. 사진가라면 흔히들 찍는 사진이지만 많은 환자와 가족들은 그 사진 앞을 떠나지 못하고 있었어요. 시련 속에서 더욱 진한 노란색으로 피어난 복수초를 보면서 어떤 생각들을 했을까요? 언젠가 자신도 건강을 되찾아 밝은 모습으로 병원 문을 나설 날을 바라는 것 같았어요. 그 후로 삼촌은 눈 속에 핀 복수초를 볼 때마다 희망과 위로를 전달받던 그분들의 표정이 생각나요.

눈 속에 핀 복수초는 보는 이에게 희망과 위로를 준다.

쓰임새 꽃을 보는 식물

복수초도 미나리아재비과 식물이다 보니 기본적으로 독성이 있어요. 벌레나 짐승들도 먹지 않을 정도라고 해요. 뿌리를 약재로 쓸 수 있지만, 꽃을 감상하기에 좋은 친구라서 화단이나 화분에 심기도 해요. 하지만 그런 곳에서는 오래 살 수 없어요. 자연스러운 환경에서 자라야 건강할 수 있어요. 그래서 화단이나 화분에 심어진 복수초보다 산에서 만나는 복수초가 훨씬 더 아름다워요.

닮은친구 개복수초, 세복수초

복수초라는 이름이 붙은 친구가 우리나라에 더 있어요. 개복수초와 세복수초예요. '개복수초'는 이름에 '개' 자가 들어가지만, 복수초에 뒤질 것이 하나도 없어요. 꽃이 복수초보다 일찍 피는 편인데, 강원도 동해시 냉천공원에서는 한겨울인 12월에 피기도 해요. 개복수초는 꽃받침잎의 수가 5~6개로 적고 길이가 꽃잎의 절반일 정도로 짧아요. 복수초와 달리 꽃과 잎이 함께 피는 편이고, 꽃의 지름이 4~8㎝로 큰 점도 달라요. 가지가 갈라지기도 하면서 여러 개의 꽃을 피워서 복수초보다 훨씬 더 풍성하게 느껴져요.

꽃받침잎이 짧고 꽃이 큰 개복수초

'세복수초'는 주로 제주도의 숲속에서 자라는 친구예요. 복수초보다 개복수초를 많이 닮았어요. 잎이 좀 더 가늘게 갈라지는 점이 달라서 '가늘 세(細)' 자를 붙여서 세복수초라고 불러요.

잎이 가늘고 뾰족한 제주도의 세복수초

기후변화 모니터링 모습(국립수목원)

기후변화 모니터링 식물

기온이 매년 조금씩 높아지면서 꽃들이 피어나는 시기가 점점 빨라지는 경향을 보여요. 그래서 꽃이 얼마나 일찍 피는지 혹은 늦게 피는지 매년 기록해서 분석해 보면 기후변화에 따라 식물이 꽃 피는 시기가 얼마나 변하는지 짐작할 수 있어요. 그러면 앞으로 어떻게 더 변할 건지 예측할 수 있고, 그 변화에 따라 어떻게 대비하면 좋은지 계획하는 기초자료로 삼을 수 있어요. 그런 것을 기후변화 모니터링이라고 해요. 복수초보다 일찍 피는 개복수초는 기후변화 모니터링을 하는 식물로 삼기에 아주 좋아요. 꼭 개복수초가 아니어도 좋으니 여러분도 같은 장소의 꽃이 언제 피고 지는지 매년 기록해 보면 나중에 아주 재미있는 결과를 얻을 수 있을 거예요.

꽃보다 잎이 노루 같은
노루귀 (미나리아재비과)

Hepatica asiatica Nakai
제주 제외 지역 산지의 숲속에서 자라며
3~5월에 꽃 피는 여러해살이풀

경기도 안양시 수리산의 노루귀

노루귀라는 식물을 처음 만나면 왜 그런 이름으로 부르는지 알기 어려워요. 꽃이 아니라 잎을 보고 지은 이름인데 노루귀가 꽃 필 때는 잎이 보이지 않기 때문에 그래요. 노루귀의 잎은 꽃이 지면서 돋기 시작해요. 뽀얀 털이 가득 덮인 것이 만져보면 정말 노루의 귀 같아요. 잘 모르겠다 싶으면 강아지의 귀를 만지는 느낌을 상상하면 돼요.

한라산의 노루

제주도의 한라산을 오르다 보면 노루를 만날 때가 있어요. 대개 도망가지만 어린 노루는 자기를 쳐다보는 사람이 신기하고 궁금한지 멀리 가지 않은 채 호기심 어린 눈으로 바라보기도 해요.

생김새 각양각색의 꽃

이른 봄에 꽃 피는 식물이 대개 그렇듯 노루귀도 잎보다 꽃이 먼저 피어요. 산의 눈 녹은 자리마다 노루귀가 꽃봉오리를 만들어 올리면 너무나도 귀여워요. 우리 눈에 꽃잎처럼 보이는 것은 꽃받침잎이고 6~11개가 달려요. 흰색, 분홍색, 파란색 등으로 피고 여러 색이 섞인 색으로 피기도 해요.

노루귀의 꽃 구조(파란색 꽃)

볕이 잘 들면 꽃받침잎을 옆으로 활짝 펼친 채 곤충이 찾아오기를 기다려요. 꽃잎은 없어요. 수술은 많고, 암술도 가운데에 아주 많아요. 꽃 밑에 달린 것은 포엽이고 3개이며 털이 아주 많아서 잎이 없을 때는 포엽이 노루의 귀처럼 느껴져요. 잎은 꽃이 지면서 돋기 시작하는데 3갈래로 크게 갈라지고 앞면에 무늬가 있기도 해요. 열매는 여러 개가 한데 모여 달리고 3장의 포엽에 싸여요.

분홍색 꽃

털 많은 노루의 귀를 닮은 잎

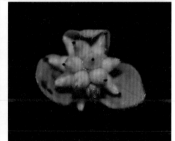

3장의 포엽에 싸인 열매

무늬가 있는 갈색 잎

무늬가 있는 녹색 잎

무늬와 털이 거의 없는 잎

이야기 수술 없이 암술만?

강원도의 특정 지역에 가보면 느지막이 꽃 피는 노루귀 중에서 수술이 없는 꽃이 간혹 보여요. 수술이 아예 없는 것도 있고, 수술이 좀 있지만 거의 없어서 퇴화한 것처럼 보이는 것도 있어요. 그런 꽃들은 암꽃처럼 느껴져요. 한 꽃에 암술과 수술이 모두 있는 꽃을 **양성화**라고 해요. 한 꽃에 암술만 있으면 **암꽃**, 수술만 있으면 **수꽃**이라고 하는데, 이 암꽃과 수꽃은 성이 하나여서 **단성화**라고 하므로 양성화와는 달라요. 그런데 이런 꽃이 왜 생기는 걸까요? 노루귀가 양성화에서 단성화로 바뀌려고 하는 중인 걸까요? 그렇다면 암술이 거의 없고 수술만 있는 꽃(수꽃)도 있어야 하는데 그

- 양성화: 한 개의 꽃 안에 암술과 수술이 모두 있어 양성의 역할을 하는 꽃
- 암꽃: 한 개의 꽃 안에 수술이 없거나 역할을 못 하고 암술만 있는 꽃
- 수꽃: 한 개의 꽃 안에 암술이 없거나 역할을 못 하고 수술만 있는 꽃
- 단성화: 한 개의 꽃 안에 하나의 성만 역할을 하는 꽃(암꽃, 수꽃)

수술이 거의 없는 꽃(흰색 꽃)

런 꽃은 아직 보지 못했어요. 그러니 우리가 알지 못하는 어떤 다른 이유가 있는 것인지도 모르겠어요.

쓰임새 장이세신이라는 이름의 약재

뿌리를 포함한 노루귀 전체를 '장이세신(獐耳細辛)'이라는 약재로 써요. 장이(獐耳)는 노루귀를 뜻하고 세신(細辛)은 족도리풀의 뿌리를 말해요. 통증을 멎게 하고 기침을 그치게 하는 등의 약효가 있다고 하지만 뿌리에 독성이 있으니 함부로 사용하는 것은 좋지 않아요. 꽃을 보기 위해 심기도 하지만 야생에서 만나는 노루귀가 훨씬 더 아름다워요.

닮은친구 새끼노루귀, 섬노루귀

　제주도를 비롯한 남부지방 섬 지역에서 자라는 친구는 '새끼노루귀'예요. 노루귀보다 꽃도 작고 잎도 작아서 새끼노루귀라고 해요. 잎보다 꽃이 먼저 피는 노루귀와 비교해 새끼노루귀는 꽃과 잎이 함께 피는 점이 다르다고 해요. 하지만 사는 지역에 따라 노루귀와 비슷해서 잘 구분되지 않기도 해요. 우리나라에서만 자라는 한국특산식물이라 보존할 필요가 있어요.

　육지에서 먼 경상북도 울릉군 울릉도에서 자라는 친구는 '섬노루귀'라고 해요. 노루귀와 닮았지만, 꽃도 크고 잎도 매우 커서 한때 '큰노루귀'라고 불렀을 정도예요. 게다가 상록성이어서 푸른 잎을 달고 겨울을 나요. 울릉도가 물이 풍부하고 땅이 기름지며 겨울에도 비교적 덜 추운 섬이다 보니 그렇게 덩치가 커진 채로 겨울을 나기 시작했나 봐요. 섬노루귀는 울릉도에 아주 많지만, 우리나라에서만 자라는 한국특산식물이에요. 우리나라에서도 오직 울릉도에서만 자라기 때문에 더욱 귀한 식물이에요.

제주도와 남부지방에서 자라는 새끼노루귀

울릉도에서만 자라는 섬노루귀

노루를 닮지 않은 식물들

식물 중에는 이름에 노루가 들어간 경우가 많아요. 하지만 노루귀와 달리 모두가 다 노루와 연관이 있는 것은 아니에요. 식물 자체가 뚜렷한 특징이 있지 않아 이름 붙이기가 애매한 경우에는 우리 주변에 흔한 동물이었던 노루를 끌어다 식물 이름을 지은 예가 많아요. 노루발, 매화노루발 등이 그래서 노루의 모습과 비슷한 부분을 찾기 어려워요.

노루발

매화노루발

개미는 나의 심부름꾼
깽깽이풀 (매자나무과)

Jeffersonia dubia (Maxim.) Benth. & Hook.f. ex Baker & Moore
제주 제외 지역 산지의 숲에서 자라며
4~5월에 꽃 피는 여러해살이풀

대구광역시 달성군 본리지의 깽깽이풀

깽깽이풀이라는 이름을 처음 들으면 왜 그런 이름이 지어졌느냐며 다들 궁금해해요. 어떤 분들은 바이올린이나 해금이라는 악기를 속되게 이르는 '깽깽이'와 관련이 있다고 주장하지만, 관련은 없어요. 그런가 하면 뿌리줄기의 쓴맛 때문에 '낑낑 하고 신음이 나는 풀잎'이라는 뜻으로 풀이하기도 해요.

그보다는 개미와 연관된 이름으로 풀이하는 이야기가 재미있어요. 깽깽이풀이 심부름시키는 곤충이 개미거든요. 식물인 깽깽이풀이 동물인 개미한테 심부름시킬 수 있느냐고요? 사실 뭐 그리 어려운 일은 아니에요. 개미한테 심부름 값만 잘 주면 되니까요. 깽깽이풀은 개미의 입맛에 맞는 심부름 값이 무엇인지 알기에 개미를 잘 다뤄요. 그 심부름 값은 과연 무엇일까요?

<u>생김새</u> 연보라색 꽃, 자주색 방패 같은 잎

깽깽이풀은 봄이 되면 잎과 함께 꽃봉오리가 솟
아나요. 누가 먼저 자라나 키재기라도 하듯 잎과
꽃봉오리가 비슷한 높이로 올라와요. 승자는 꽃이
에요. 잎이 완전히 자라기 전에 꽃줄기가 길어지
면서 연보라색 꽃이 먼저 피어 활짝 벌어져요. 만
약 날씨가 조금이라도 더워지면 금세 꽃잎을 떨어
뜨리면서 서둘러 져버려요. 꽃잎은 6~8장 정도이
고 수술도 같은 수로 달려요. 암술은 1개예요. 깽
깽이풀의 꽃에는 암술머리와 수술이 자주색인 것
과 노란색인 것이 있어요. 노란색이 자주색보다
드문 편이에요. 잎은 방패 모양이고 이른 봄에 자
라날 때는 대개 자주색을 띠어요. 내리쬐는 직사
광선에서 자신을 보호하려고 그런다고 해요. 자외
선을 막아주는 자주색 방패라고나 할까요? 그 잎
이 나중에는 점점 초록색으로 바뀌고, 꽃이 지고
나면 꽃보다 더 길게 자라 그 그늘 밑에서 열매를
익혀가요. 열매는 번데기 모양이고 익으면 비스듬
히 갈라지면서 벌어져요.

꽃밥이
노란색인 것
수술은 **6~8**개
암술머리는
3갈래로 갈라짐
꽃잎은 **6~8**개

깽깽이풀의 꽃 구조(암술과 수술이 노란색)

암술머리와 수술이 자주색인 꽃

방패 모양의 잎

갈라지기 시작하는 열매

이야기 엘라이오솜이라는 심부름 값

깽깽이풀은 달콤한 향기가 나는 엘라이오솜을 씨에 붙여서 개미를 유인해요. **엘라이오솜**(elaiosome) 은 한마디로 영양덩어리예요. 열매가 벌어질 즈음이면 개미가 하나둘 나타나 씨를 가져가려고 애써

• 엘라이오솜: 씨나 열매에 붙어 있는 여러 화학물질 덩어리 = 유질체
• 상리공생: 다른 종의 생물들이 서로 이익을 주고받으면서 살아가는 관계

요. 개미는 엘라이오솜이 달린 깽깽이풀의 씨를 낑낑거리며 자기 집으로 가져가서는 엘라이오솜을 떼어 애벌레의 먹이로 주고 씨는 그대로 두거나 내다 버려요. 둥근 모양의 씨는 개미가 큰 턱으로 물어서 집 밖으로 옮기기가 어려워 대부분 개미집 안에 남겨진다고 해요. 그러면 개미집이 있는 거리만큼 깽깽이풀이 자라나요. 그 간격이 깽깽이걸음(깨끔발)으로 간 것 같다고 해서 깽깽이풀이라는 이름이 붙었다고 전해져요. 엘라이오솜이 바로 개미한테 주는 심부름 값이에요. 그래서 깽깽이풀은 몇 포기 심어놓으면 몇 년 새에 여기저기 퍼져 자라는 것을 볼 수 있어요. 식물인 깽깽이풀이 꽃가루받이는 물론이고 씨를 퍼뜨리는 일까지 모두 곤충한테 시키는 셈이에요. 개미는 식량을 얻고 깽깽이풀은 번식할 수 있어요. 이렇게 서로 이익을 주고 받는 관계를 조금 어려운 말로 **상리공생**이라고 해요.

엘라이오솜이 붙어 있는 씨

깽깽이걸음으로 간 것처럼 자라는 모습

쓰임새 황련이라는 이름의 약재에서 꽃을 보는 식물로

전에는 깽깽이풀의 뿌리줄기를 '황련(黃連)'이라는 이름의 약재로 썼어요. 독을 풀어주고 열을 내리는 효과가 있다고 해요. 그래서 약재로 재배하던 곳에 있던 깽깽이풀이 그대로 남아 번져 자라기도 해요. 지금은 약으로 쓰기보다 꽃을 보는 식물로 많이 심어요.

황련이라는 이름의 약재로 쓰는 뿌리줄기

닮은친구 흰색 깽깽이풀, 한계령풀

꽃이 흰색인 깽깽이풀이 아주 드물게 있어요. 예쁘고 귀하다 보니 사람의 손을 잘 타는 것이 안타까워요.

깽깽이풀 수술의 꽃밥을 보면 판처럼 창이 열리듯이 꽃가루가 나와요. 깽깽이풀이 속한 매자나무과 식물이 대개 그런 편이에요. 그래서 매자나무, 매발톱나무, 한계령풀 등에서 볼 수 있어요. 이 중 '한계령풀'은 한계령에서 처음 발견되어 이름 붙여진 친구예요. 한계령풀도 수술의 꽃밥을 잘 보면 판처럼 창이 열리고 거기에서 꽃가루가 나와요. 깊은 산에서 무리 지어 자라면서 봄이면 노란색 꽃을 피우며, 땅속에 감자 같은 뿌리가 들어 있어서 북한에서는 '메감자'라고 불러요. 하지만 독성이 있으니 함부로 먹는 것은 좋지 않아요.

수난을 당하는 흰색 깽깽이풀

메감자로 불리기도 하는 한계령풀

그거 알아요?

개미를 이용하라! 엘라이오솜을 이용하라!

알고 보면 깽깽이풀 외에도 엘라이오솜을 이용해 자기 씨를 퍼뜨리는 식물이 아주 많아요. 산괴불주머니, 얼레지, 제비꽃 종류, 현호색 종류, 금낭화, 애기똥풀 등이 그래요. 그리고 엘라이오솜은 모양이 다양해서 우리가 엘라이오솜이라고 알아보지 못하는 경우가 많다고 해요. 봄에 꽃 피는 식물뿐 아니라 원추리 종류, 뻐꾹나리, 며느리밥풀꽃 종류처럼 여름에 꽃 피는 식물도 엘라이오솜을 이용해 번식한다고 알려졌어요.

산괴불주머니의 씨를 물어가는 개미류

꽃보다 꽃봉오리가 족두리를 닮은
족도리풀 (쥐방울덩굴과)

Asarum sieboldii Miq.
지리산 이북 산지의 숲속에서 자라며
4~5월에 꽃 피는 여러해살이풀

경기도 가평군 화야산의 족도리풀

신부가 전통 혼례식 때 머리에 올려 쓰는 장식이 족두리예요. 옛날에 여성이 머리숱이 많아 보이려고 덧붙이던 가발(가체)에 쓰는 장식이 점점 사치스러워지자 영조 32년(1756)에 쓰게 한 것이 '족두리'라고 해요.

족도리풀은 족두리를 닮은 꽃이 핀다고 해서 이름 붙여진 친구예요. 표준어는 족두리지만 식물에서는 족도리풀이라고 적어요. 그런데 족도리풀은 꽃이 핀 모습보

족두리 쓴 덕혜옹주, 출처: 고궁박물관

다 꽃이 피기 전의 모습, 즉 꽃봉오리일 때가 족두리와 닮았어요. 실제로 그런지 살펴보고, 아울러 애호랑나비가 족도리풀을 애타게 찾는 이유도 알아보기로 해요.

생김새 족두리 같은 꽃봉오리, 양산 같은 잎

족도리풀은 잎이 나면서 꽃도 함께 피어요. 족두리 모양의 꽃봉오리가 올라오는데, 꽃잎은 없고 **꽃받침통**의 끝이 세 갈래로 갈라지면서 갈래조각이 옆으로 펼쳐져요. 갈래조각의 끝은 편평하기도 하고 살짝 꼬부라지면서 말리기도 해요. 안쪽에는 검은색의 동그란 테두리가 있어요. 꽃이 벌어질 때면 하트 모양의 잎이 거의 다 자라나서 자신의 꽃에 그늘을 드리워요. 봄볕이 좀 따갑다는 듯 양산을 쓴 것 같아요. 꽃에는 6개의 암술과 12개

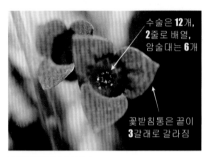

• 꽃받침통: 꽃받침이 통 모양으로 되어 있을 때 쓰는 용어

수술은 **12**개, **2**줄로 배열, 암술대는 **6**개

꽃받침통은 끝이 **3**갈래로 갈라짐

족도리풀의 꽃 구조

의 수술이 들어 있어요. 수술은 6개가 먼저 자라나 꽃밥을 터뜨리고 뒤이어 나머지 6개의 수술이 자라나 꽃밥을 터뜨려요. 땅속에는 약재로 쓰는 긴 뿌리가 들어 있어요. 열매는 약간 물컹하게 익어요.

족도리를 닮은 꽃봉오리

양산 같은 잎

물컹하게 익는 열매

이야기 난 제꽃가루받이가 좋아!

족도리풀은 꽃이 땅바닥 가까운 높이에서 피어요. 그래서 바닥을 기어 다니는 지네류나 딱정벌레류 또는 개미류가 찾아올 것이라고들 생각해요. 꽃이 흑자색이어서

파리류가 찾아올 것으로 예상하기도 하고요. 하지만 실제로 그 곤충들이 족도리풀의 꽃을 찾아오는 것을 보기는 어려워요. 그렇다면 족도리풀은 어떻게 꽃가루받이하고 열매 맺는 걸까요?

족도리풀 역시 제꽃가루받이를 피하려고 암술과 수술이 자라는 시기를 다르게 해요. 앉은부채처럼 암술이 수술보다 먼저 피는 방식이에요. 그런데 마땅한 꽃가루받이 곤충을 찾기 어려워서 그런지 먼저 핀 암술에 꽃가루받이가 되지 않으면 족도리풀은 제 수술을 제 암술 쪽으로 끌어당겨 제꽃가루받이를 하는 것으로 보여요. 그것이 편할 수도 있으니까요. 하지만 계속 그러다 보면 암술과 수술이 자라는 시기를 다르게 할 필요가 없어져서 언젠가 암술과 수술이 자라는 시기가 도로 같아지는 날이 올지 몰라요.

암술이 자라난 시기(각시족도리풀)

수술이 자라난 시기(각시족도리풀)

쓰임새 세신이라는 이름의 약재

족도리풀의 뿌리를 '세신(細辛)'이라는 이름의 약재로 쓰기도 해요. 가늘고 매운맛이 난다는 뜻이에요. 가래를 삭이고 기침을 멈추게 하며 두통이나 신경통을 멎게 한다고 해요. 하지만 독성이 있는 식물이니까 함부로 채취해 먹거나 약으로 쓰는 것은 삼가는 것이 좋아요.

세신이라는 이름의 약재로 쓰는 뿌리

<u>닮은친구</u>　서울족도리풀, 각시족도리풀

　족도리풀은 비슷한 종류는 많은 친구예요. 그중 꽃이 크고 꽃받침통의 갈라진 조각이 뒤로 살짝 젖혀지며 안쪽에 흰색 테가 있는 친구를 '서울족도리풀'이라고 해요. 잎자루와 잎 뒷면에 털이 아주 많은 편이에요.

　꽃이 서울족도리풀보다 작고 꽃받침통의 갈래조각이 뒤로 활짝 젖혀지는 것은 '각시족도리풀'이라고 해요. 주로 서해안의 섬 지역에서 자라는데 드물게 강원도의 산지에서도 자라요. 꽃에서 향기가 나는 점으로 미루어 각시족도리풀만큼은 딴꽃가루받이를 하겠구나 싶은데 실제로 그렇다고 해요. 그래서 조사해 보면 각시족도리풀은 유전자가 다양하게 나온다고 해요. 우리나라에서만 자라는 한국특산식물이라 기특하게 느껴지는 친구예요.

꽃이 크고 꽃받침통의 갈래조각이 뒤로 살짝 젖혀지는 서울족도리풀

꽃이 작고 꽃받침통의 갈래조각이 뒤로 활짝 젖혀지는 각시족도리풀에서는 향기가 난다

애호랑나비 애벌레의 먹이식물

삼촌은 봄에 족도리풀 종류를 만나면 잎 뒷면을 뒤집어보는 습관이 있어요. 운이 좋으면 하늘색 옥구슬을 발견할 수 있거든요. 그 옥구슬은 애호랑나비의 알이에요. 애호랑나비의 애벌레가 족도리풀 종류의 잎만 먹기 때문에 애호랑나비는 입맛 까다로운 아기(애벌레)를 위해 족도리풀 종류만 찾아다녀요. 그렇게 곤충의 먹이가 되는 특정 식물을 먹이식물이라고 해요. 여러분도 애호랑나비가 훨훨 날아다니는 숲에서 족도리풀 종류를 만난다면 그 잎을 하나하나 잘 들춰보세요. 애호랑나비가 슬어놓은 알을 발견하거나 일찍 깨어난 까만 애벌레를 만날 수 있어요. 좀 징그럽지만, 곧 화려한 나비가 되어 날아갈 꿈을 꾸는 애벌레예요. 애호랑나비 애벌레는 족도리풀 종류의 독을 몸에 모아 천적으로부터 자신을 방어한다고 해요. 자신을 잡아먹은 천적이 "어휴, 맛없어!" 하고 뱉어내고는 두 번 다시 쳐다보지도 않을 거예요. 호랑나비의 애벌레는 족도리풀 종류의 독에 대한 면역력이 있어서 자신은 전혀 중독되지 않는다고 해요.

서울족도리풀 잎 뒷면에 낳은 애호랑나비의 알

알에서 깨어난 애호랑나비의 애벌레

애호랑나비가 애타게 찾는 꽃

얼레지 (백합과)

Erythronium japonicum Decne.
제주 제외 지역 산지의 비옥한 숲속에서 자라며
3~5월에 꽃 피는 여러해살이풀

경기도 가평군 화야산의 얼레지

　봄에 계곡 주변의 산길을 걷다 보면 송곳처럼 낙엽을 뚫고 올라오는 뾰족한 것을 보게 돼요. 며칠 지나면 그 송곳이 풀리면서 땅 위에 두 장의 잎을 펼쳐놓고, 그 사이에서 긴 꽃줄기를 밀어 올려요. 부끄러운 듯 살짝 고개 숙인 꽃이 피면 그게 바로 얼레지예요. 얼레지라는 이름은 얼룩덜룩한 무늬가 있는 잎에서 지어졌어요. 피부에 그런 것이 생기면 어루러기라고 하는데 잎의 무늬가 정말로 어루러기 같아요.

　전에는 계곡 주변에 무리 지어 핀 모습을 볼 수 있었지만, 요즘은 그런 모습을 보기가 점점 어려워져서 애호랑나비가 애타게 찾아다녀요. 봄에 깨어난 애호랑나비에게 얼레지는 꼭 필요한 꽃이거든요.

생김새 **얼룩덜룩한 꽃, 얼룩덜룩한 잎**

얼레지의 꽃 구조는 3, 그리고 3의 배수인 6과 관련이 있어요. 일단, 암술머리가 3갈래로 갈라져요. 수술은 6(3+3)개이고, 꽃밥은 보라색이에요. 화피조각도 보라색이고 6개(3+3)예요. 얼레지뿐 아니라 백합과를 비롯한 **외떡잎식물**의 **생식기관**의 수는 거의 모두 그렇게 3 또는 3의 배수로 되어 있어요. 화피는 볕이 들수록 점점 뒤로 젖혀져요. 안쪽은 옅은 색이고 W자 모양의 무늬로 곤충에게 꿀이 있는 장소를 알려줘요. 잎은 넓적하고 앞면에 얼룩덜룩한 반점이 있어요. 잎이 두 장 날 때만 그

- 외떡잎식물: 씨에서 움터 나오는 떡잎이 한 개인 식물, 반대는 쌍떡잎식물
- 생식기관: 꽃 피고 열매 맺는 등 번식에 관여하는 기관

화피조각은 **6**개, 안쪽에 **W**자 무늬가 있음

수술은 **6**개, 꽃밥은 보라색

암술머리는 **3**갈래로 갈라짐

얼레지의 꽃 구조

사이에서 꽃줄기가 올라와요. 열매 맺을 즈음이면 잎은 다 녹아 없어져요. 땅속 깊은 곳에 비늘줄기가 있어요. 열매는 삼각 모양이고 익으면 벌어져요.

얼룩덜룩한 반점이 있는 잎

땅속의 비늘줄기

익으면 벌어지는 열매

이야기 **애호랑나비야, 기운 차리렴!**

얼레지는 봄에 나타난 애호랑나비에게 꿀을 주는 식물이에요. 겨울잠에서 막 깨어난 애호랑나비는 얼레지의 꿀을 먹고 얼른 기운을 차려야 짝짓기를 할 수 있어요.

물론 꿀이 있는 식물이면 다 되지만 애호랑나비는 매달리기 편한 얼레지의 꽃을 좋아해요. 얼레지에서 꿀을 먹고 기운을 차린 애호랑나비는 짝짓기한 후 알 낳을 장소인 족도리풀 종류를 찾아가요. 그러니 기운 없는 애호랑나비에게 얼레지는 없어서는 안 되는 꽃이에요. 만약 얼레지도 있고 족도리풀 종류도 있는 산이라면 애호랑나비가 있을 테니 잘 살펴보아요. 아래를 향해 피는 꽃들은 대개 나비를 좋아하지 않지만, 얼레지처럼 화피를 뒤로 활짝 젖혀 피는 꽃은 나비가 와서 얼마든지 꿀을 먹을 수 있어요.

그 외에 벌들도 얼레지의 꽃을 좋아해요.

얼레지의 꽃에서 꿀을 빠는 애호랑나비

얼레지의 잎을 나물로 만드는 모습

쓰임새 산채비빔밥의 재료

얼레지의 생잎을 뜯어 먹어보면 상큼한 오이 향이 느껴져요. 맛있다고 너무 많이 먹으면 배가 아파 설사를 하게 되니 욕심부리지는 말아요. 얼레지에 있는 독을 빼내기 위해 물에 담갔다 빼기를 여러 번 한 후 말려서 묵나물로 만들어서 먹어요. 산채비빔밥의 재료로 넣어 먹기도 해요.

닮은 친구 흰색 얼레지, 산자고

얼레지는 대개 분홍색으로 피지만 드물게 흰색으로 피는 것도 있어요. 흰색으로 피는 것은 원래부터 귀하지만 예쁘다고 너무 캐가서 사람 발길이 잘 닿지 않는 산골이 아니면 보기 어려워졌어요. 진짜 흰색 얼레지는 수술이 노란색이어서 특이해요. 드물게 수술이 자주색인 흰색 얼레지도 있어요.

얼레지와 비슷한 백합과 친구를 꼽으라면 '산자고'를 들 수 있어요. 얼레지는 아래를 향해 피는데 산자고는 위를 향해 피는 점이 완전히 달라요. 암술머리가 3갈래로 갈라지고 수술 6개, 화피 6개인 점은 얼레지와 같아요.

너무나도 예쁜 흰색 얼레지

산자고는 꽃이 위를 향해 핀다

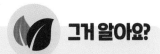

꽃잎이라고 하지 않고 왜 화피라고 할까?

얼레지 같은 식물은 꽃잎처럼 보이는 부분을 꽃잎이라고 하지 않고 '화피'라고 불러요. 화피는 꽃잎과 꽃받침이 서로 비슷해서 구분되지 않을 때 사용하는 용어예요. 얼레지도 어떤 것이 꽃잎이고 어떤 것이 꽃받침인지 구분하기 어려워서 화피라고 불러요. 얼레지의 화피는 모두 6장인데 그중 3장은 안쪽에 있고 나머지 3장은 바깥쪽에 있어요. 바깥쪽의 것이 '꽃받침'이고 안쪽의 것을 '꽃잎'이라고 구분할 수도 있겠지만 안에 있고 밖에 있다는 점 외에는 다르지 않아서 화피라고 불러요.

얼레지 군락

첫째마당 산에서 만나는 풀꽃 친구 51

요강이 아니라 함정

광릉요강꽃 (난초과)

Cypripedium japonicum Thunb.
경기, 강원, 전라, 경상 산지의 계곡 주변 숲속에서 자라며
4~5월에 꽃 피는 여러해살이풀

경기도 가평군 명지산의 광릉요강꽃

옛날에는 화장실을 집 밖에 따로 짓는 경우가 많았
어요. 재래식 화장실은 물로 흘려보내는 방식이 아니다
보니 냄새가 많이 나서 그랬어요. 그러니 밤에 자다가
화장실 갈 일이 생기면 멀리 다녀와야 하므로 잠이 다
달아날 수밖에 없었어요. 그래서 방 안에 두고 자다가
소변이 보고 싶어졌을 때 썼던 물건이 요강이에요. 지
금은 보기 어려워졌지만, 옛날에는 거의 가정필수품 같
은 물건이었어요.

요강, 출처: 우리문화신문

광릉요강꽃은 광릉 숲에서 처음 발견되었고 꽃이 요강을 닮아서 이름 붙여진 친
구예요. 그런데 이 식물의 꽃은 요강이 아니라 곤충 잡는 함정이에요.

<u>생김새</u> 꽃은 요강, 잎은 치마

광릉요강꽃은 난초치고 아주 큰 꽃을 피우는 친구예요. 꽃받침과 **곁꽃잎**은 연한 녹색이고 자주색 반점과 털이 있어요. 아래쪽의 **입술꽃잎**은 양옆이 안으로 말려 주머니 모양으로 불룩하고 구멍이 있어서 곤충이 들어가는 입구 역할을 해요. 꽃에서는 은은한 호박꽃 향기가 나요. 요강에서 나는 지린내는 아니에요. 꽃자루 위쪽에 잎처럼 생긴 포엽이 1개씩 달려요. 잎은 2개가 마주나기한 것처럼 줄기를 감싸는데, 지름이 10~22cm에 이를 정도로 커요. 그 모습이 치마 같아서 광릉요강꽃을 '치

- 곁꽃잎 : 꽃의 양옆에 달리는 꽃잎
- 입술꽃잎 : 꽃의 아래쪽에 달리는 입술 모양의 꽃잎

광릉요강꽃의 꽃 구조

마난초'라고도 해요. 열매는 드물게 달리는데, 특정한 곤충이 구멍을 뚫어 알을 낳으면 더는 자라지 못해요.

꽃의 옆모습

치마 모양의 잎

드물게 달리는 열매

<u>이야기</u> 난 심부름 값 대신 함정을 이용하지!

식물이 곤충을 이용해서 꽃가루받이하려면 곤충에게 줄 심부름 값을 마련해둬야 해요. 꽃가루나 꿀 같은 것들 말이에요. 그러면 곤충은 그것을 얻기 위해 활동하면서

자신도 모르게 식물의 꽃가루받이를 도와줘요. 꽃마다 곤충에게 줄 무언가를 계속 준비해야 한다는 건 많은 에너지가 드는 일이에요 그것이 싫었을까요? 광릉요강꽃은 곤충에게 아무런 심부름 값도 주지 않으면서 꽃가루받이하는 방법을 택했어요. 꽃의 모양을 함정으로 만들어서 곤충을 유인하는 방법이에요! 광릉요강꽃은 꽃에서 곤충, 특히 벌 종류가 좋아할 만한 향기를 내요. 그러면 벌 종류는 그 향기에 이끌려 광릉요강꽃의 꽃 안으로 쏙 들어가요. 뭔가 있을 줄 알고 들어간 벌은 꽃가루도 없고 꿀도 없자 잘못 들어왔다는 생각에 얼른 나갈 곳을 찾게 돼요. 하지만 광릉요강꽃의 꽃은 입구가 오목해서 들어온 곳으로 도로 나가기 어렵게 만들어졌어요. 전에 물고기를 잡을 때 썼던 항아리 모양의 유리통인 '어항'과 비슷한 구조예요. 난감해하는 벌의 눈에 위쪽의 반투명한 막을 통해 햇빛이 비쳐 드는 곳이 때마침 보여요. '아, 저기구나!' 벌은 그곳을 출구라고 생각해요. 그곳에는 암술과 수술이 한데 붙어 있어요. 벌은 그 옆으로 뚫린 비좁은 틈으로 나가려고 안간힘을 써요. 그러는 과정에서 광릉요강꽃의 꽃가루(정확하게는 꽃가루덩어리)가 벌의 등이나 머리 쪽에 붙어요. 탈출 후 다른 광릉요강꽃으로 날아가 똑같은 행동을 하고 나면 광릉요강꽃의 꽃가루받이가 이루어져요. 비록 성공률은 낮지만, 에너지가 적게 드는 장점이 있어요. 이때 중요한 조건은 탈출 과정에서 꽃가루가 몸에 붙을 수 있도록 덩치가 큰 벌이 찾아와야 한다는 것이에요. 호박벌 종류 같은 벌 말이에요. 그렇지 않고 너무 날씬하거나 덩치가 작은 벌류가 온다면 꽃가루는 묻히지 않은 채 몸만 쏙 빠져나갈 수 있어요.

광릉요강꽃의 옆면에 있는 반투명한 막

덩치가 큰 편인 호박벌 암컷

쓰임새 멸종위기Ⅰ급식물

꽃이 크고 아름다워서 광릉요강꽃을 심어 기르기도 해요. 하지만 기르기가 까다롭고, 아직은 너무 귀해서 멸종위기급Ⅰ식물로 지정해서 보호해요. 그래도 5월 초순에 국립수목원의 광릉요강꽃 식재지에 가면 어렵지 않게 광릉요강꽃을 만날 수 있어요.

국립수목원의 광릉요강꽃 식재지

닮은 친구 복주머니란, 털복주머니란

광릉요강꽃처럼 함정으로 꽃가루받이하는 난초과 친구로 '복주머니란'과 '털복주머니란'이 있어요. 복주머니란은 지린내가 나는 향기로 곤충을 유인한다고 알려졌지만, 실은 좋은 향기가 나요. 다만, 그 향기가 짙으면 사람에 따라 지린내로 느껴질 수 있긴 해요. 아무튼 그 향기를 이용해 복주머니란도 광릉요강꽃과 똑같은 방식으로 꽃가루받이해요. 복주머니란은 입구가 위쪽을 향해 있고 덮개까지 있어서 광릉요강꽃보다 더 요강에 가까워요. 복주머니란도 꽃이 크고 예쁘다 보니 자꾸만 없어져서 멸종위기Ⅱ급식물로 지정해서 보호해요.

멸종위기Ⅱ급식물 복주머니란

멸종위기Ⅰ급식물 털복주머니란

털복주머니란은 광릉요강꽃보다 더 귀한 친구예요. 남한에는 강원도 정선군의 함백산에서만 자생지가 발견되었을 정도로 귀해서 광릉요강꽃처럼 멸종위기 I 급식물로 지정해서 보호해요.

그거 알아요?

꽃가루가 아니라 꽃가루덩어리?

난초과 식물은 대개 꽃가루가 아니라 꽃가루덩어리로 되어 있어요. 덩어리로 되어 있다 보니 일반 식물의 꽃밥처럼 보여요. 외떡잎식물 중 가장 진화한 식물로 여기는 난초과 식물은 그 외에도 흥미로운 점이 많고 아직도 밝혀내지 못한 점이 많은 신기한 친구들이에요.

난초과 식물인 백운란의 꽃가루덩어리
(사진: 서화정 박사님)

에델바이스는 아니랍니다
산솜다리 (국화과)

Leontopodium leiolepis Nakai
설악산 이북 높은 산의 양지바른 곳에서 자라며
6~7월에 꽃 피는 여러해살이풀

강원도 양양군 설악산의 산솜다리

산솜다리는 흔히 한국의 에델바이스로 통해요. 오스트리아의 국화이기도 한 에델바이스는 옛 영화에서 아름다운 알프스를 배경으로 울려 퍼지는 노래에 나오면서 유명해졌어요. 하지만 유럽의 에델바이스와 우리나라의 산솜다리가 같을 수는 없어요. 설악산에서 자라는 것을 솜다리라고 소개하는 자료도 많지만 실은 산솜다리예요. 정확하진 않지만 '솜털이 달리는 식물'이라

에델바이스

는 뜻에서 '솜+달+이'가 변해 솜다리가 되었고, 거기에 '산' 자를 붙인 이름 같아요. 다른 주장도 있지만 설득력이 떨어져요. 그런데 높은 산에서 살면서 털은 왜 필요한 걸까요?

생김새 　빨대 같은 꽃, 솜털투성이

산솜다리의 줄기는 여러 개가 나고 7~22㎝ 높이로 자라요. 줄기 끝에 여러 개의 꽃이 머리 모양의 꽃차례를 이뤄서 피어요. 꽃은 노란색이고 모두 빨대처럼 생긴 관 모양의 꽃만 달려요. 대개 양성화가 많이 달리고 암꽃이 섞여 달리기도 해요. 포엽은 6~9개이고 3열로 배열하며 회백색 털로

포엽은 **6~9개**,
흰색 털로 덮임

머리모양꽃차례에
모두 관모양꽃만 달림

산솜다리의 꽃 구조

덮여요. 잎은 어긋나기하고 끝이 뾰족하며 털이 많다가 점점 떨어져요. 산솜다리는 그렇게 온몸에 솜털이 많은 솜털투성이예요. 열매는 흰색의 우산털이 달려 바람에 잘 날아가요.

회백색 털로 덮인 포엽

털이 있다가 점차 떨어지는 잎

바람에 날아가기 좋은 열매

이야기 　에델바이스와는 다른 한국특산식물의 자존심

에델바이스는 유럽의 높은 산에서 자라며 눈 속에서도 피는 식물로 유명해요. 《사운드 오브 뮤직(The sound of music)》이라는 영화에 소개되면서 잘 알려졌어요. 그런데 우리나라 설악산에도 에델바이스가 있다며 알려지기 시작한 꽃이 바로 산솜다리에요. 하지만 유럽의 높은 산에서 자라는 식물이 우리나라에서 자라는 식물과 같기는 어려워요. 환경이 다르니까요. 우리의 산솜다리는 세계에서 오직 우리나라에서만 자라

는 한국특산식물이라는 자존심이 있어요. 그런데도 산솜다리가 한국의 에델바이스라며 한국산악연맹에서도 마스코트처럼 배지에 사용해 유명해지면서 사람들의 손에 하나둘 사라지기 시작했어요. 한때 흔했지만, 이제는 보호해야 할 식물이 되고 말았어요.

높은 산에서만 자라는 식물은 낮은 지대의 더운 곳을 피해 올라간 경우가 많아요. 우리가 더위를 피해서 피서 가듯이 식물은 더 높은 곳의 시원한 장소로 이동해요. 그러니 높은 산은 일종의 피난처인 셈이에요. 만약 지구온난화로 지금보다 더 더워져서 더 높이 올라갈 곳이 없어진다면 결국 그 식물은 사라지고 말 거예요. 날로 심각해지는 지구온난화를 막지 못한다면 앞으로 산솜다리 같은 식물은 보기 어려워질 수밖에 없어요.

강원도 양양군 설악산의 산솜다리

<u>쓰임새</u>　보는 식물로는 좋지만 기르기는 어려워

솜털이 뽀얗게 덮인 모습이 예뻐 산솜다리는 꽃을 보는 식물로 심으면 좋아요. 씨로도 번식이 가능한 것으로 알려졌어요. 다만, 높은 곳에서 자라는 친구인 만큼 그에 맞는 온도와 환경을 유지해 주는 것이 중요해요.

<u>닮은 친구</u>　솜다리, 한라솜다리

산솜다리와 비슷한 친구로 '솜다리'가 있어요. 솜다리도 산솜다리처럼 높은 산에서 자라지만 드물게 높지 않은 곳에서 자라기도 해요. 산솜다리는 꽃이 필 때도 뿌리 근처의 잎이 남아있는데, 솜다리는 꽃이 필 때 뿌리 근처의 잎이 없어지는 점이 달라요. 전에는 왜솜다리라는 이름으로 불렸는데 지금은 솜다리와 같은 것으로 보게되었어요.

전에 왜솜다리로 불렸던 솜다리

솜다리의 꽃차례

제주도 한라산 정상의 급경사 지역에는 '한라솜다리'라는 친구가 살아요. 워낙 드물고 귀한데다 한국특산식물이어서 멸종위기 I 급식물로 지정해서 보호해요. 한라솜다리도 더위를 피해 더 높이 올라갈 곳이 없으므로 지구온난화가 심각해지면 더욱더 보기 어려워질 식물이에요.

제주도 한라산 정상에서만 자라는 한라솜다리
(사진 : 김창욱 선생님)

높은 산에서 살아남기

높은 산은 식물이 살아가기 어려운 환경이에요. 세찬 바람이 많이 불고 폭우가 내리며 경사가 급한 곳이 많아 물과 영양분이 적어요. 그렇다 보니 낮은 곳에서 사는 식물과 같은 방식으로 살아가기가 매우 어려워요. 그래서 다른 모습으로 변하지 않으면 안 돼요. 그런 것을 '적응'이라고 해요.

산솜다리도 높은 산의 환경에 적응했어요. 몸에 붙은 물기를 조금이라도 제 뿌리 쪽으로 모으기 위해 털을 이용하는 방법이 대표적이에요. 털에 묻은 이슬방울을 모으고 또 모으면 커다란 물방울이 되어서 줄기 쪽으로 흘러 땅을 적셔요. 그러면 그것을 뿌리에서 흡수해서 이용해요.

아무리 어려운 환경에 처한대도 그렇게 계속 적응하고 변하려고 애쓴다면 어떤 고난과 역경도 이겨낼 수 있어요. 여러분도 그렇게 할 줄 안다면 나중에 분명히 훌륭한 사람이 되어 있을 거예요.

학명에 담긴 아픈 역사의 꽃
금강초롱꽃 (초롱꽃과)

Hanabusaya asiatica (Nakai) Nakai
경기와 강원 이북의 높은 산에서 자라며
8~9월에 꽃 피는 여러해살이풀

강원도 고성군 향로봉의 금강초롱꽃

옛날에 밤길을 밝힐 때 썼던 등을 초롱(초籠)이라고 해요. 초가 바람에 꺼지지 않도록 겉에 천 따위를 씌운 등이에요. 그 초롱에 푸른색 천인 청사(靑紗)를 덧씌워 결혼식에 썼던 것을 '청사초롱'이라고 해요. 신랑이 말을 타고 신붓집으로 떠날 때, 또는 신부가 가마를 타고 시집올 때 길을 비추기 위해 사용했어요.

금강초롱꽃은 금강산에서 처음 발견되었고 초롱꽃

청사초롱, 출처: piaxabay

을 닮아서 붙여진 이름이에요. 금강초롱꽃도 세계에서 오직 우리나라에서만 자라는 자랑스러운 식물이지만, 우리나라의 아픈 역사가 고스란히 담긴 사연이 있어요.

생김새 꽃은 초롱, 잎은 뻣뻣

금강초롱꽃은 초롱꽃을 닮았어요. 초롱꽃은 초롱을 닮았고요. 여름이 지나가는 8월 무렵이면 종 모양의 금강초롱꽃이 서서히 고개를 들며 아래를 향해 피어나요. 꽃은 대개 보라색이고 드물게 흰색도 있어요. 줄줄이 대롱대롱 매달린 **화관**에 햇빛이 비치면 불 밝힌 청사초롱처럼 아름다워요. 수술은 5개이고 서로 모여 있어요. 암술대는 1개이고 서서히 자라나면서 길쭉해져요. 잎은 어긋나기하고 대개 줄기 위쪽에 달리며 끝은 길게 뾰족

• 화관(花冠): 꽃이 여러 개의 꽃잎으로 되지 않고 하나의 통 모양으로 된 것

꽃받침조각은 **5**개

화관은 종 모양, 끝이 **5**갈래로 얕게 갈라짐

금강초롱꽃의 꽃 구조

하고 가장자리에 불규칙한 톱니가 있어요. 잎의 질감이 뻣뻣한 종이질이라 만져보면 금강초롱꽃인지 알 수 있어요. 초롱꽃은 부드러운 풀 느낌이어서 달라요. 잎이나 줄기를 자르면 하얀 액이 나와요. 뿌리로도 번식하므로 몇 포기씩 모여 자라는 모습을 볼 수 있어요. 열매는 길쭉해요.

흰색 꽃

뻣뻣한 질감의 잎

아래를 향해 달리는 열매

이야기 1 암술대가 칫솔이라고?!

금강초롱꽃이나 초롱꽃처럼 아래를 향해 피고 활짝 벌어지지 않는 꽃들은 나비류의 방문을 금지해요. 나비류는 긴 주둥이로 꿀만 축내고 가는 얄미운 곤충이라서 그래요. 주둥이나 다리에 꽃가루가 약간 묻긴 하지만 별로 효과적인 꽃가루받이로 이어지지는 않는 편이에요. 또한 꽃가루를 전달해주는 곤충은 같은 종류의 다른 꽃에 찾아가야 꽃가루받이 확률이 높은데 나비류는 이 꽃 저 꽃 아무 꽃에나 다 가기 때문에 그만큼 꽃가루받이 확률이 떨어져요. 반면에 벌 종류처럼 같은 종류의 꽃만 찾아가는 곤충은 꽃가루받이 확률이 높아요. 그래서 식물도 꾀를 내어 벌 종류만 받아들이려고 아래를 향한 꽃을 피우기로 했어요. 여러 개의 화피로 된 꽃들은 화피를 뒤로 젖혀 나비류를 받아들이지만, 금강초롱꽃이나 초롱꽃처럼 하나의 통(管)으로 된 종 모양의 꽃들은 뒤로 젖혀지지 않아 나비류가 들어올 수 없어요.

그런데 문제가 하나 있어요. 아래를 향해 피다 보니 소중한 꽃가루를 땅바닥으로 흘려버릴 수 있어요. 그래서 금강초롱꽃이 만들어낸 것이 칫솔 모양의 암술대예요. 이 특이한 암술대가 점점 자라나면서 수술의 꽃밥을 터뜨려 그 위에 꽃가루가 얹히게 해서 낭비를 줄이는 방식이에요.

금강초롱꽃도 제꽃가루받이를 피하려고 암술과 수술이 자라는 시기를 다르게 해요. 수술이 암술보다 먼저 자라는 방식이에요. 그래서 수술의 꽃밥이 터지는 순간을 보려면 벌어지지 않은 꽃봉오리를 열어봐야 해요. 꽃이 벌어지기 전부터 이미 암술대의 칫솔 같은 부분이 길어지면서 수술의 꽃밥을 건드려요. 그러면 자연스레 꽃밥이 터지면서 꽃가루가 나와 암술대의 칫솔 부분에 얹혀요. 암술대는 계속 길어지면서 꽃가루를 얹어 날라요. 암술대가 자라나는 시간의 길이만큼 화관도 길어야 하기에 금강초롱꽃의 꽃이 세로로 길쭉하게 생겼어요.

꽃가루가 다 없어지고 나면 솔 부분은 암술대 안으로 난 구멍으로 도로 들어가요. 그래서 아무 일도 없었다는 듯 암술대 표면이 도로 밋밋해지면 그곳에 칫솔이나 꽃가루가 있었을 것이라는 생각은 전혀 하지 못해요. 꽃가루가 다 없어질 무렵부터 암술대 끝의 암술머리가 3갈래로 갈라져요. 다른 꽃의 꽃가루가 곤충의 몸에 묻어오기를 기다리면서 말이에요.

 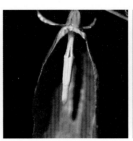 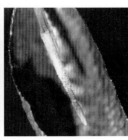 

금강초롱꽃의 수술이 자라는 초기의 꽃밥 　금강초롱꽃의 수술이 자라는 시기의 꽃밥 　금강초롱꽃의 암술이 자라는 초기의 꽃밥 　금강초롱꽃의 암술이 자라는 시기의 꽃밥

초롱꽃도 비슷한 방식이에요. 도라지처럼 꽃의 길이가 짧은 꽃들은 암술이 길어지는 시간이 그만큼 짧다고 보면 돼요.

초롱꽃이나 도라지는 꽃가루가 모두 없어지면 수술이 뒤로 젖혀져요. 그런데 금강초롱꽃은 꽃가루가 모두 없어진 후에도 수술이 서로 붙어 있어요. 실은 처음부터 붙어 있던 수술이 떨어지지 않고 끝까지 붙어 있는 모습이에요. 초롱꽃이나 도라지는 꽃밥의 바깥쪽이 터지면서 꽃가루가 나오므로 그 후에는 뒤로 말라붙어요. 반면에, 금강초롱꽃은 꽃밥의 끝에 구멍이 나듯 터지면서 꽃가루가 나와요. 꽃가루가 다 나온 뒤에도 수술이 암술 주위에 모여 있는 점이 달라요. 그렇게 처음부터 끝까지 수술이 붙어 있으면 꽃가루를 덜 흘릴 수 있어 낭비를 더욱 줄이는 알뜰형 구조예요.

초롱꽃 수술이 자라는 초기 　초롱꽃 수술이 자라는 초기의 수술 속의 암술 　초롱꽃 암술이 자라는 초기 　초롱꽃 암술이 자라는 시기의 갈라진 암술머리

도라지 수술이 자라는 초기　도라지 수술이 자라는 초기의　도라지 암술이 자라는 초기　도라지 암술이 자라는 시기의
　　　　　　　　　　　　수술 속의 암술　　　　　　　　　　　　　　　갈라진 암술머리

벌들은 꽃가루보다 꿀을 얻으려고 금강초롱꽃을 방문해요. 수술 아래쪽의 크게 부푼 지점에 꿀이 있어서 벌들은 폴 댄스(pole dance)를 하듯이 암술대를 붙잡고 위로 올라가면서 꽃가루를 몸에 묻혀요. 여러 마리가 들어가서 붐비기도 하고, 한 마리가 들어박혀서 제 방인 양 한참 동안 나오지 않기도 해요. 방문하자마자 나가는 벌 종류도 있고요.

금강초롱꽃의 꽃 안에 작은 벌 종류가
두 마리가 들어가 있는 모습

이야기 2　학명에 담긴 아픈 역사

금강초롱꽃을 알게 되면 세 가지 단계의 감정을 느끼게 돼요. 첫 번째 감정은 '놀라움'이에요. 이름만큼이나 아름다운 자태를 실물로 처음 마주하면 누구나 감탄해 마지않아요. 어디서 만들어내는 보라색인지 신기하기만 해요.

금강초롱꽃에서 느끼게 되는 두 번째 감정은 '분노'예요. 세계의 모든 사람이 하나로 부르기 위해 만든 식물의 과학 이름을 **학명**이라고 해요. 식물의 학명은 '**속명+종소명+명명자**'로 되어 있어요. 금강초롱꽃의 학명 *Hanabusaya asiatica* Nakai에는 우리의 아픈 역사가 담겨 있어요. 금강초롱꽃은 일본의 도쿄대 식물원 직원이었던 우치야마(Uchiyama)에 의해 1902년 금강산에서 처음 채집되었어요. 그것을 같은 일본의 식물학자 나카이(Nakai) 박사가 1909년에 발표했어요. 당시에는 수술의 꽃밥이 모여 있다는 특징으로 'Symphyandra asiatica Nakai'라는 학명을 붙여 주었어요. 그런데 2년 후인 1911년에 나카이 박사는 금강초롱꽃이 뿌리에서 나오는 잎이 없고 잎이 줄기의 위쪽에 모여 달리는 점 등을 특징으로 금강초롱꽃속이라는 새로운 **속**을 만들었어요. 그래서 금강초롱꽃의 학명에는 나카이 박사의 이름이 두 번이나 들어가요. 그러면서 새로운 속의 이름으로 *Hanabusaya*(금강초롱꽃속)를 부여했어요. 그것은 나카이 박사가 자신의 활동을 적극적으로 지원해 준 초대 일본 공사 '하나부사 요시모토'를 기리려고 만든 속명이었어요. 종소명인 *asiatica*는 '아시

- 학명(學名): 각각의 생물에게 붙여서 세계 공통으로 쓰는 과학 이름
- 속명(屬名): 생물을 나눌 때 과(科)와 종(種) 사이의 속(屬)에 주어지는 이름
- 종소명(種小名): 학명에서 속명 다음에 주어지는 종 자체의 이름
- 명명자(命名者): 학명을 처음 지은 사람
- 속(屬): 생물을 나눌 때 과(科)와 종(種) 사이에서 나누는 단계

광복절에 즈음해서 피는 설악산 대청봉의 금강초롱꽃

아의 식물'이라는 뜻이에요. 사실 금강초롱꽃은 한국특산식물이므로 *koreana*를 쓰면 되는데 한국을 넣지 않으려고 일부러 그렇게 썼어요. 당시는 우리나라가 일본의 지배를 받았던 시절이라 일본 학자에 의해 저질러진 일이에요. 그 바람에 자랑스러운 우리의 식물 금강초롱꽃에는 일본 색이 짙게 남고 말았어요. 그런데 우연의 일치일까요? 동해가 내려다보이는 설악산 대청봉의 금강초롱꽃은 광복절인 8월 15일에 즈음해서 피기 시작해요.

금강초롱꽃에서 느끼게 되는 세 번째 감정은 '안타까움'이에요. 학명에 대한 분노의 시기가 지나면 금강초롱꽃도 하나의 식물일 뿐이라고 생각하게 돼요. 그런데 자생지마다 부쩍 줄어든 금강초롱꽃을 보면서 안타까움을 느끼는 일이 점점 많아져요. 아름답다 보니 사람들이 캐어 가기도 하고 환경과 기후가 바뀌면서 저절로 없어지기도 해요. 금강초롱꽃의 학명을 어떻게든 고쳐보려고 하는 노력도 중요하지만, 그보다는 자생지를 잘 보전하는 것이 우리가 진정으로 금강초롱꽃을 위하는 일 같아요.

쓰임새 꽃을 보는 식물

금강초롱꽃은 아직 원예품종으로의 개발은 이
뤄지지 않고 있어요. 아마도 자생지와 같은 환경
이 아니면 꽃을 잘 피우지 않는 것 같아요. 우리나

• 자원식물: 사람에게 유용하게 쓰일 가치가 인정되는 식물을 모두 이르는 말

라에서만 자라는 한국특산식물이니 잘 개발하면 좋은 **자원식물**이 될 수 있어요.

닮은 친구 초롱꽃

금강초롱꽃과 가장 닮은 친구는 '초롱꽃'이에요. 꽃이 흰색이고 줄기에 거친 털이
많으며 잎이 부드러운 점이 특징이에요.

꽃이 흰색이고 거친 털이 많은 초롱꽃

검산초롱꽃

북한의 함경남도 검산령에서 처음 발견된 검산초롱꽃도 금강초롱꽃과 매우 많이 닮았어요. 하지만 북한 쪽에서만 자라는 식물이라 우리가 실물을 보기 어려워요. 그렇다 보니 금강초롱꽃과 비슷한 식물일 것이라고 짐작만 해요. 그런데 대학교에 남겨진 검산초롱꽃의 옛 **표본**을 보면 꽃받침조각이 매우 크고 가장자리의 톱니가 매우 커서 금강초롱꽃과 사뭇 달라요. 언젠가 남북한이 통일된다면 함경남도 검산령으로 가서 검산초롱꽃의 실물을 보고 싶어요.

• 표본: 자연물의 전체 또는 일부를 오래 보관할 수 있도록 처리한 것

검산초롱꽃의 표본(사진: 서화정 박사님)

가을꽃의 전쟁터에서 살아남기
투구꽃 (미나리아재비과)

Aconitum jaluense Kom.
제주 제외 지역 산지의 숲속에서 자라며
9~10월에 꽃 피는 여러해살이풀

강원도 정선군 금대봉의 투구꽃

옛날에 전쟁터에서 적군의 화살이나 칼로부터 머리를 보호하기 위해 쇠로 만들어 썼던 모자를 '투구'라고 해요. 몸에 입었던 것은 '갑옷'이고요.

투구꽃은 꽃의 모양이 투구와 비슷해서 이름 붙여진 친구예요. 사실 꽃들도 살아남기 위해 다른 꽃들과 매일같이 전쟁을 벌여요. 투구꽃은 곤충의 눈에 잘 띄는 보라색 투구를 쓰고 가을꽃의 전쟁터로 나가요. 벌의

용사의 투구, 출처: 넷플릭스

눈에 잘 띄려고 많은 가을꽃이 보라색으로 피니 경쟁은 늘 치열해요. 그렇다고 투구꽃이 아무 곤충, 아무 벌이나 다 환영하는 것이 아니에요. 투구꽃은 과연 어떤 벌을 좋아할까요?

<u>생김새</u> 보라색 투구, 좌우대칭 꽃, 긴 꿀주머니

투구꽃은 이름처럼 꽃이 투구 모양이에요. 그런데 투구처럼 보이는 것은 꽃잎이 아니라 꽃받침잎이에요. 5개이고 대개 보라색으로 피어요. 진짜 꽃잎은 투구 속에 감춰져 있어서 밖에서는 잘 보이지 않아요. 위쪽의 투구를 벗겨보면 토끼의 귀처럼 위로 쫑긋하게 올라오는 것이 있는데, 그것이 바로 꽃잎이에요. 잘 보면 끄트머리가 달팽이관처럼 생겼어요. 그것은 **꿀주머니**예요. 즉, 투구꽃은 꽃잎의 끝이 꿀주머니로 되는 것이에요. 같은 미

- 꿀주머니: 꽃 일부가 뒤로 뻗어 꿀이 들어 있게 만들어진 주머니 = 꽃뿔

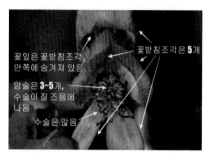

투구꽃의 꽃 구조

나리아재비과의 너도바람꽃이나 변산바람꽃에서 꽃잎 끝이 꿀샘으로 되는 것과 비슷해요. 수술은 많아요. 암술은 3~5개이고 털이 있어요. 잎은 어긋나기하고 3~5갈래로 깊게 갈라지며 갈라진 조각은 다시 더 잘게 갈라져요. 열매는 끝에 뾰족한 암술대가 남고 익으면 위쪽의 한 군데가 갈라지며 씨를 드러내요. 땅속에 굵은 흑갈색 뿌리가 있어요.

꽃받침잎 속에 숨겨진 꽃잎

잘게 갈라지는 잎

뾰족한 암술대가 남아있는 열매

이야기 뒤영벌만 오라!

투구꽃은 옆을 향해 피는 꽃이다 보니 사람이 모자나 투구를 쓴 것 같아요. 사람의 얼굴이 그렇듯이 투구꽃의 꽃도 왼쪽과 오른쪽이 똑같이 생겼

• 좌우대칭: 둘로 나누었을 때 그 왼쪽과 오른쪽이 똑같은 모양인 것

어요. 그런 것을 **좌우대칭**이라고 해요. 좌우대칭으로 생긴 꽃은 좌우대칭으로 생긴 곤충만 받아들이려는 꽃이라고 보면 돼요. 가만히 생각해 보면 어지간한 곤충은 다들 좌우대칭이에요.

투구꽃은 보라색 투구 안에 숨겨놓은 기다란 진짜 꽃잎 뒤쪽에 꿀주머니를 만들어놓았어요. 그래서 몸이 좌우대칭이고 긴 주둥이를 가진 곤충만이 꿀을 먹을 수 있어요. 꿀을 먹는 과정에서 배 쪽에 꽃가루를 묻혀 날라요. 모든 곤충이 다 그런 것은 아니고 투구꽃의 입구에 딱 맞을 만큼 덩치가 조금 큰 곤충이어야 꽃가루받이가 잘 돼요. 들에서는 호박벌 종류가 그런 곤충이고, 투구꽃이 사는 산에서는 뒤영벌 종류가 그런 역할을 해요. 같은 좌우대칭이고 주둥이가 긴 곤충이라고 해도 나비류는 커다란 날개 때문에 투구꽃 안으로 들어갈 수 없어요. 긴 주둥이로 꿀만 축내고 가는 나비류는 투구꽃도 환영하지 않아요.

투구꽃도 제꽃가루받이가 되는 것을 피하려고 암술과 수술이 자라는 시기를 다르게 해요. 수술이 암술보다 먼저 자라는 방식이에요. 그래서 수술이 꽃가루를 다 내보내고 시들 즈음에야 돋아나는 암술을 볼 수 있어요.

투구꽃 안으로 들어가는 우수리뒤영벌

초오라는 이름의 약재로 쓰는 뿌리

쓰임새　초오라는 이름의 약재이자 독에서 꽃을 보는 식물로

투구꽃의 흑갈색 뿌리를 '초오(草烏)'라는 이름의 약재로 써요. 까마귀의 머리를 닮았다는 뜻에서 오두(烏頭)라고도 하는데, 초오두(草烏頭)라고 하던 것을 줄여서 초오라고 하는 것 같아요. 관절염을 치료하거나 통증을 줄여주는 등의 여러 약효가 있지만, 워낙 독성이 강해 약으로 쓸 때도 독성을 최대한 약하게 해서 쓴다고 해요. 약보다는 독에 더 가까운 식물이니 함부로 쓰는 것은 삼가야 해요. 꽃의 생김새가 특이하다 보니 요즘은 꽃을 보는 식물로 많이 심어요.

닮은 친구　백부자, 놋젓가락나물

투구꽃도 비슷한 친구가 참 많아요. 그중에서도 '백부자'는 투구가 노란색인 친구예요. 투구꽃의 흑갈색 뿌리 옆에 붙어 달린 것을 부자(附子)라고 하는데, 자식이 어미에 붙어 있는 듯해서 붙여진 이름이라고 해요. 백부자(白附子)는 투구꽃의 부자와 비슷한데 덩이뿌리가 흰색에 가까워서 그런 이름이 붙었어요. 워낙 귀해져서 멸종위기 II급식물로 지정해서 보호해요.

이름이 재미있는 '놋젓가락나물'도 투구꽃과 비슷하지만, 덩굴성이라는 점이 다른 친구예요. 옛날에 쓰던 놋으로 만든 젓가락은 약해서 잘 휘어지는데 그 놋젓가락처럼 휘어지면서 다른 물체를 감으며 자란다고 해서 붙여진 이름이에요. 이름에 나물이 들어가지만, 투구꽃에 못지않은 독성 식물이니까 먹지 않도록 해요. 놋젓가락나물은 덩이뿌리가 둥근 공 모양인 점이 투구꽃과 달라요.

백부자도 놋젓가락나물도 투구꽃처럼 꽃의 모양이 좌우대칭이에요.

투구가 노란색인 백부자

흰색에 가까운 백부자의 덩이뿌리

투구꽃과 달리 덩굴져 자라는 놋젓가락나물

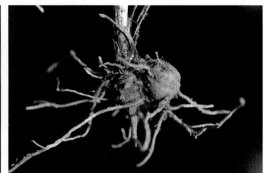

공처럼 둥근 놋젓가락나물의 덩이뿌리

그거 알아요?

사약의 재료

옛날에 임금이 죄인에게 내려 죽게 했던 약이 사약이에요. 흔히 '죽을 사(死)' 자를 쓰는 사약(死藥)으로 알고 있지만, 임금이 하사(下賜)한 약이라는 뜻에서 '줄 사(賜)' 자를 쓰는 사약(賜藥)이에요. 공개된 장소에서 죄인의 몸을 훼손하는 무시무시한 형벌이 많았던 옛날에는 사람이 얼마 없는 곳에서 신체를 훼손당하지 않고 죽는 것만으로도 임금의 은혜를 받는다는 뜻이라고 해요.

그 사약을 만드는 재료 중 하나가 바로 투구꽃의 뿌리라고 해요.

흰색 들국화의 대명사
구절초 (국화과)

Dendranthema zawadskii var. *latilobum* (Maxim.) Kitam.
전국의 산과 들에서 자라며
9~10월에 꽃 피는 여러해살이풀

강원도 정선군 덕산기 계곡의 구절초

    구절초는 흔히 야생의 국화, 즉 들국화로 불려요. 국어사전에서는 들국화를 '노란색 꽃이 피는 꽃'이라고 정의해요. 하지만 들국화라는 꽃은 없어요. 가을에 야생에서 피는 국화과 식물을 모두 일컫는 말이라서 그래요. 그래서 노란색 들국화로는 산국이나 감국이 있고, 보라색 들국화로는 개미취나 쑥부쟁이가 있으며, 흰색 들국화로는 구절초 종류를 꼽아요.

    구절초(九節草)는 음력 9월 9일이면 마디가 9개가 된다는 뜻이라고 해요. 음력 9월 9일에 채취해서 쓰면 약효가 가장 뛰어나서라고도 하고요. 9개의 마디로 잘린다는 뜻에서 구절초(九折草)라고 했다는, 약간 다른 한자를 쓴 기록도 있어요. 어느 것이 맞든 간에 우리 정서와 친숙한 가을꽃인 것은 분명해요.

머리모양꽃차례

다 그런 것은 아니지만 국화과 식물의 꽃은 대개 **머리모양꽃차례**로 되어 있어요. 구절초도 그래서 지름이 4~8㎝나 되는 큰 머리모양꽃차례가 마치 한 송이 꽃처럼 피어요. 꽃에서 국화 향기가 나고 대개 흰색으로 피지만 드물게 분홍색으로 피는 것도 있어요. 머리모양꽃차례를 아래쪽에서 둥글게 감싸는 조직을 **총포**라고 해요. 국화과 식물에서는 매우 중요한 조직이니 잘 알아두도록 해요. 잎은 넓적하고 가장자리에 큰 톱니가 몇 쌍 정도 굵직하게 있어요. 요즘 화단에 많이 심는 것은 대개 잎이 잘게 갈라지는 품종으로, 야생의 구절초와 같은 것은 아니에요.

- 머리모양꽃차례: 여러 개의 꽃이 붙어 피어서 머리 모양으로 보이는 꽃차례
- 총포(總苞): 꽃차례의 밑부분을 둘러싸는 잎 모양의 조각

구절초의 꽃 구조

분홍색 꽃

꽃차례 아래쪽을 감싸는 총포

뿌리 쪽의 잎

<u>이야기</u> 수술 먼저, 방사대칭 꽃, 나는 아무나 다 환영!

구절초 같은 국화과 식물은 하나의 꽃처럼 보이지만 실은 여러 개의 꽃이 모여 있는 꽃차례예요. 머리 모양으로 생겨서 머리모양꽃차례라고 해요. 머리모양꽃차례는

보통 두 종류의 꽃으로 나뉘어요. 꽃차례의 가장자리와 가운데가 서로 다른 색과 모양의 꽃으로 이루어졌거든요. 꽃차례 가장자리의 꽃은 대개 흰색이고 혀처럼 생겨서 **혀모양꽃**이라고 불러요. 꽃차례 가운데의 꽃은 노란색이고 대롱(빨대) 또는 관

처럼 생겨서 **관모양꽃**으로 불러요. 모양이 다른 이유는 역할이 다르기 때문이에요. 혀모양꽃은 멀리 있는 곤충을 유인하고, 곤충이 잘 앉을 수 있도록 널찍한 착륙장소가 되어줘요. 이 혀모양꽃은 보통 암꽃이거나 성별이 없는 꽃이에요. 안쪽의 관모양꽃은 대개 암술과 수술이 모두 있는 양성화여서 꽃가루받이해서 열매 맺는 역할을 해요.

그런데 이 관모양꽃은 처음에 수술만 보여요. 수술 먼저 자라고 암술은 나중에 자라는 방식으로 제꽃가루받이를 피하기 때문에 그래요. 5개의 수술이 합쳐져 있는데 꽃가루를 모두 날리고 나면 이 수술 묶음을 뚫고 가운데에서 암술이 솟아나요. 그러고는 암술머리가 리본이나 우산처럼 갈라지면서 다른 개체의 꽃가루가 곤충의 몸에 배달되어 오기를 기다려요.

구절초의 꽃차례는 하늘을 향해 있는 데다 어느 방향으로든 대칭이 돼요. 그런 구조를 조금 어려운 말로 **방사대칭**이라고 해요. 이런 꽃차례는 어느 방향에서든 곤충의 접근이 가능해요. 그래서 구절초에는 나비류도 오고 벌류도 오고 파리류도 와요. 아무나 다 받아주는 인심 좋은 친구 같아요. 하지만 모두 다 받아준다고 해서 좋은 것은 아니에요. 얌체처럼 꿀이나 꽃가루만 먹고 가면 구절초가 원하는 꽃가루받이에는 아무 도움도 되지 못하거든요. 특히 나비류 같은 곤충이 그래요. 꿀이나 꽃가루만 축내는 셈이니 구절초는 더 많은 꿀과 꽃가루를 만드는 데 에너지를 써야 해요. 그래서 그런 곤충은 아예 오지 못하게 하는 식물도 있어요. 어쨌든 구절초는 모든 곤충을 환영하는 꽃이에요.

산구절초를 방문한 뒤병기생파리   산구절초를 방문한 뱀눈그늘나비

쓰임새   오래전부터 써온 약재, 꽃을 보는 식물

구절초는 오래전부터 구절초의 줄기와 잎을 말린 것을 약으로 써왔어요. 특히 여성에게 좋고 소화불량에도 효과가 있다고 알려졌어요.

길가에 대량으로 심어진 구절초 재배품종

꽃이 아름다워 화단에 많이 심기도 해요. 한두 포기 심기보다 여러 포기를 대량으로 심는 편이에요. 꽃에 특유의 향기가 있어서 심으면 온갖 벌과 나비가 날아들어요.

닮은 친구   산구절초, 포천구절초

구절초도 비슷한 친구들이 많은 편이에요. 구절초와 비교해 높은 산에서 자라고 잎이 좀 더 자잘하게 갈라지는 친구는 '산구절초'예요.

강이나 하천 주변에서 자라고 잎이 코스모스 잎처럼 가늘게 갈라지는 친구는 '포천구절초'예요. 경기도 포천에서 처음 발견되어 붙여진 이름으로, '가는잎구절초'라고도 해요.

높은 산에서 자라고 잎이 자잘하게 갈라지는 산구절초

강 주변에서 자라고 잎이 코스모스처럼 매우 가늘게 갈라지는 포천구절초(가는잎구절초)

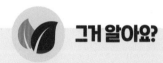

그거 알아요?

변이

같은 생물인데도 사는 지역이나 환경에 따라 모양이나 특성이 조금 다르게 나타나는 것을 '변이(變異)'라고 해요. 자신과 똑같은 후손보다 조금 다른 후손을 남기려는 생물일수록 그렇게 비슷하면서도 약간씩 다른 후손을 만들어요.

구절초 종류도 사는 지역이나 환경에 따라 꽃의 색이나 잎의 모양 등이 다양하게 나타나요. 그래서 전에는 종류를 세세하게 나누기도 했지만, 요즘은 그런 변이를 잘 인정하지 않고 같은 것으로 보는 편이에요. 후손에게 확실하게 전달되는 특징적인 변이가 아니라면 모두 같은 것으로 보는 것이 맞아요.

동강댐 건설을 막은 영웅 할머니

동강할미꽃 (미나리아재비과)

Pulsatilla tongkangensis Y.N.Lee & T.C.Lee
강원도 석회암 지역의 볕이 잘 드는 곳에서
자라며 3~4월에 꽃 피는 여러해살이풀

강원도 평창군 문희마을의 동강할미꽃

　할미꽃은 필 때부터 할머니예요. 허리가 구부정해서 그렇기도 하고, 희고 긴 털이 달린 열매의 모습이 호호백발의 할머니 같기도 해서 그래요. 요즘은 허리가 굽은 할머니가 많지 않지만 힘든 일을 많이 해야 했던 옛날의 할머니·할아버지는 그렇게 허리가 굽은 분들이 많았어요.

　그런 할미꽃에 비하면 동강할미꽃은 신식 할머니라고 할까요? 허리를 꼿꼿하게 편 채 하늘을 향해 피어요. 동강의 아름다운 경치를 닮아서인지 색도 다양해서 할머니에 비유하기엔 미모가 너무나도 뛰어나요. 이름에 '동강' 자가 들어간 이유는 강원도 동강에서 처음 발견되었기 때문이에요. 연약해 보이지만 이래 봬도 무리하게 추진했던 동강댐 건설을 막은 영웅 할머니랍니다.

생김새 허리 꼿꼿한 할머니

맨 처음에는 할미꽃처럼 동강할미꽃도 온몸에 뽀얀 솜털이 가득해요. 점점 사라지긴 하지만 꽃 필 때까지는 몸 여기저기에 흰색 솜털이 많아요. 꽃은 대개 하늘을 향해 피어요. 우리 눈에 꽃잎처럼 보이는 것은 꽃받침잎이에요. 보통 6장인데 5~8장까지 달리고 뒷면에 털이 많아요. 연분홍, 청보라, 붉은 자주색, 흰색 등 여러 가지 색으로 피어요. 꽃잎은 없어요. 수술의 꽃밥은 노란색이에요. 암술은 꽃받침잎의 색과 같아요. 수술과 암술이 많긴 해도 할미꽃보다는 적어요. 꽃 아래쪽에 달려서 꽃줄기를 감싸는 것은 포엽인데, 3~4갈래로 갈라진 후 다시 가늘게 갈라져요. 잎은 뿌리에서 나요. 깃 모양의 겹잎이고 각각의 작은잎이 다시 또 잘게 갈라져요. 앞면이 진한 녹색이고 윤기가 나며 털이 많다가 점점 떨어져요. 꽃이 지면 꽃줄기가 점점 길어져요. 열매를 바람에 멀리 날려 보내기 위해서 그래요. 열매는 여러 개가 모여서 달려요. 암술대가 깃 모양으로 남아서 긴 털로 변하고, 익으면 더욱 크게 부풀어서 바람에 날아가기만을 기다려요.

꽃받침잎은 6개
수술은 많음, 꽃밥은 노란색
암술은 여러 개지만 할미꽃보다는 적음
포엽

동강할미꽃의 꽃 구조

흰색 꽃

앞면에 광택이 있는 잎

호호백발이 되어가는 열매

이야기 동강댐 건설을 막아라!

동강은 강원도 영월군 영월읍의 동쪽에서 흘러들어온다고 해서 이름 붙여진 강이에요. 이 동강이 흐르는 영월군에는 홍수가 잦고 전기가 제대로 공급되지 않는다는 이유로 1990년대 말부터 댐을 건설하자는 이야기가 많았어요. 그런데 동강에 대한 조사가 제대로 이뤄지지 않은 상태에서 일을 성급히 진행하려고 했어요. 그러자 환경단체가 반대 운동을 펼쳤어요. 결국 동강에 대한 자연환경 조사가 이뤄지면서 그곳에 우리가 보호해야 할 동물과 식물, 그리고 보존해야 할 천연자원이 얼마나 많은지 세상에 알려지게 되었어요.

식물 중에는 동강에서 발견된 동강할미꽃이 대표적이었어요. 할미꽃과 비교해 동강할미꽃은 동강의 절벽에서 자라면서 하늘을 향해 다양한 색깔의 꽃으로 피는 점이 다르고, 세계에서 오직 우리나라에서만 자라는 한국특산식물로 밝혀졌어요. 만약 동강에 댐이 건설된다면 그 모두가 물속에 잠길 수밖에 없었어요. 그래서 결국 2000년 들어 정부에서 동강댐 건설을 없던 일로 하겠다고 발표했어요. 그 뒤로 동강할미꽃은 동강댐 건설을 막은 영웅으로 알려지면서 유명해졌어요. 그런데 그것이 오히려 동강할미꽃에는 좋지 않았어요. 유명세가 생기자 많은 사람이 무분별하게 캐어 가면서 동강할미꽃이 동강에서 점차 사라지기 시작했어요. 동강할미꽃이 우리의 동강을 지켜준 것처럼 이제는 우리가 동강할미꽃의 미래를 지켜줄 차례예요.

연한 하늘색 꽃

홍자색 꽃

연한 보라색 꽃

<u>쓰임새</u> 바위틈에 심어 길러요

할미꽃처럼 동강할미꽃도 통증과 염증을 줄여
주는 약효가 있어서 뿌리를 약으로 쓸 수 있어요.
그보다는 아름다운 꽃을 보는 식물로 화단에 많이

• 석회암 지대: 조개와 산호 등이 굳어져 만
들어진 석회암으로 된 곳

심어요. 되도록 석회암으로 된 바위틈에 심으면 잘 자라요. 전에는 동강할미꽃이 동
강에서만 자라는 줄 알았는데 요즘은 동강이 아닌 지역의 산지에서도 자라는 것이
발견돼요. 강가는 아니지만 그런 곳도 대부분 **석회암 지대**예요. 그래서 동강할미꽃
은 강가를 좋아한다기보다 석회암 지대를 좋아하는 식물로 여겨요.

<u>닮은친구</u> 할미꽃

동강할미꽃과 가장 비슷한 친구는 아무래도 '할
미꽃'이에요. 볕이 잘 드는 무덤가를 좋아해서 오
래된 무덤에서 흔히 자라요. 아무리 허리가 굽은
할미꽃이더라도 6~10일이 지나면 서서히 허리를
곧게 펴면서 길게 자라나요. 바람에 열매를 멀리
날려 보내려고 그래요.

• 돌연변이: 유전자가 이전의 것과 갑자기
달라지는 현상

허리가 구부정하게 피는 할미꽃

그런가 하면 포엽과 꽃받침잎에 털이 없고 꽃이
연두색인 것을 삼촌이 어느 저수지 언덕에서 발견
한 적이 있어요. 할미꽃의 **돌연변이**로 보여요. 그
래서 이름을 연두할미꽃이라 붙여주었는데, 이듬
해에 주변의 흙과 함께 모두 사라져서 사진으로만
남게 되었어요. 혹시 모르니 볕이 잘 드는 잔디밭
이 있으면 여러분도 잘 살펴보기를 바라요.

할미꽃의 돌연변이로 보이는 연두할미꽃

할미꽃이 아래를 향해 피는 이유

아래를 향해 종 모양으로 피는 꽃들이 있어요. 그런 꽃들은 특정 곤충을 오지 못하게 하거나 제꽃가루받이를 피하려고 그러는 경우가 많아요. 그런데 할미꽃은 꽃가루가 물기에 약해서 꽃가루가 비에 젖지 않도록 꽃줄기가 구부러져서 꽃을 아래로 피게 한다는 연구 결과가

할미꽃의 꽃가루

있어요. 꽃받침잎이 우산 역할을 하게 하는 셈이죠. 그래서일까요? 동강할미꽃은 아래로 흐르는 강에서 올라오는 습기를 피해 하늘을 향해 피기 시작했는지도 모르겠어요. 드물게 아래를 향해 피는 동강할미꽃이 발견되는 것을 보면 아직 할미꽃의 습성을 완전히 버리지 못한 동강할미꽃도 있는 것으로 보여요.

앉은 채로 피는 꽃

민들레(국화과)

Taraxacum platycarpum Dahlst.
산과 들의 볕이 잘 드는 곳에서 자라며
3~5월에 꽃 피는 여러해살이풀

경기도 화성시 용주사의 민들레

　민들레는 순우리말 이름이에요. 옛날에 사립문 주변에 많아 문둘레라고 하다가
변한 이름이라는 이야기가 있어요. 오래된 자료에는 미움둘레 또는 무은드레로 나온
다고 해요. 땅바닥에 낮게 퍼져 자라서 앉은뱅이 또는 안질뱅이라고도 하는 등 비슷
한 이름도 많고 유래담도 많아서 일일이 소개하기 어려울 정도예요. 전국에 흔했던
꽃이어서 그런 것 같아요.

　그랬던 민들레가 언제부턴가 잘 보이지 않기 시작했어요. 서양에서 들어온 서양
민들레에 자리를 빼앗기면서 그렇게 되었어요. 그래서 어쩌다 시골 길가에서 민들레
를 발견하면 반가워서 인사를 건네게 돼요. "잘 있었니?" 하고 물으면 "나 보기 힘들
지?" 하고 되묻는 것 같아요.

생김새 방석 모양 잎, 머리모양꽃차례, 우산털 달린 열매

민들레는 뿌리에서 나온 잎이 옆으로 펼쳐져 방석 모양으로 돼요. 잎 가장자리에는 큰 톱니가 있고 깊게 갈라지기도 해요. 잎을 자르면 하얀 액이 나와요. 꽃줄기는 뿌리에서 올라오고 끝에 꽃차례가 달려요. 꽃은 노란색이고 여러 개의 혀모양꽃이 모여 머리모양꽃차례를 이뤄요. 국화과 식물은 대개 꽃차례 가장자리에 혀모양꽃이 있고 가운데에는 관모양꽃이 달려요.

그런데 민들레는 관모양꽃 없이 혀모양꽃만 달려요. 혀모양꽃은 수술이 암술보다 먼저 돋는 방식으로 제꽃가루받이를 피해요. 5개가 모인 수술이 먼저 돋아 꽃가루를 다 내보낼 즈음이면 수술다발 사이에서 암술이 돋아 암술머리가 두 갈래로 갈라져요. 꽃차례의 아래쪽은 총포가 감싸요. 가장 바깥쪽의 총포조각에는 뿔 같은 작은 돌기가 달려요. 열매를 맺을 즈음이면 꽃줄기가 점점 길어져요. 열매를 멀리 날려 보내려고 그래요. 열매에는 긴 우산털이 달려서 바람에 멀리 날아가기 좋아요.

민들레의 꽃 구조

혀모양꽃만 달린 머리모양꽃차례

깃 모양으로 갈라지는 잎

열매가 모여 달린 모습

<u>이야기</u>　홀씨도 아니고 씨도 아니랍니다

　　민들레 하면 어른들은 흔히 〈민들레 홀씨 되어〉라는 제목의 노래를 떠올려요. 유명 가수가 가요제에 입상하면서 알려진 노래라 입에서 자주 흥얼거리게 돼요. 그렇다 보니 민들레는 **홀씨**가 달려 바람에 날아가는 식물인 것처럼 되어버렸어요. 하지만 그건 사실과 달라요. 민들레는 홀씨가 없어요. 홀씨는 조금 어려운 말로 포자(胞子)라고 하는데, 포자로 번식하는 건 흔히 고사리 종류로 통하는 **양치식물**이에요. 곰팡이나 버섯 종류도 포자로 번식하지만, 식물이 아니라 균류에 속하고요. 그

- 홀씨: 혼자 발아하여 새로운 개체가 되는 세포 = 포자(胞子)
- 양치식물: 뿌리, 줄기, 잎은 있으나 꽃 없이 홀씨(포자)로 번식하는 식물

씨처럼 보이지만 각각 하나의 열매

래서 '민들레 홀씨 되어'가 아니라 '민들레 씨 되어'라고 해야 한다는 분들이 많아요. 하지만 그것도 맞는 이야기는 아니에요. 우리 눈에 씨처럼 보이는 것은 씨가 아니라 열매이기 때문에 그래요. 그 열매의 껍질을 까면 그 안에 진짜 씨가 드러나요. 그러니 '민들레 열매 되어' 정도로 해야 하는데, 아마 다들 어색하다고 할 거예요.

<u>쓰임새</u>　포공영이라는 이름의 약재, 민들레커피

　　민들레는 '포공영(蒲公英)'이라는 이름의 약재로 쓰여요. 식물 전체를 뿌리째 캐서 물에 씻어 햇볕에 말린 후 약으로 쓰면 열을 내리고 독을 풀어주며 엉기어 있는 기를 흩어지게 하는 작용을 한다고 해요. 부작용도 있다고 하니까 섣불리 약으로 쓰는 일은 삼가는 것이 좋아요. 민들레를 다르게 이용하는 방법도 있어요. 민들레의 뿌리를 잘게 잘라 볶은 후 차로 마시면 커피 맛과 향이 나요. 그것을 민들레커피라고 해요.

닮은 친구 흰민들레, 서양민들레

언제부턴가 서양민들레가 들어오면서 우리의 민들레를 토종 민들레로 부르기 시작했어요. 토종 민들레는 앞서 보여준 사진처럼 맨 바깥쪽의 총포조각이 뒤로 젖혀지지 않고 끝에 삼각 모양의 돌기가 있는 점이 특징이에요.

꽃이 흰색인 흰민들레도 토종 민들레   바깥쪽 총포조각이 뒤로 젖혀지는 서양민들레

꽃이 흰색인 친구는 '흰민들레'라고 해요. 흰민들레 역시 토종 민들레예요.

민들레와 달리 바깥쪽 총포조각이 뒤로 젖혀지고 끝에 달리는 삼각 모양의 돌기가 미약한 친구는 '서양민들레'예요. 1949년 이전에 유럽에서 들어온 것으로 보는데, 제꽃가루받이를 하거나 아예 꽃가루받이하지 않더라도 열매 맺는 재주를 가졌어요. 게다가 봄이 아닌 가을까지도 계속 꽃이 피면서 열매를 맺으므로 한번 번지기 시작하면 막을 길이 없어요. 결국 서양민들레와의 영토 싸움에서 진 민들레가 밀려나게 되었어요.

무수히 많은 열매로 퍼져나가는 서양민들레

털민들레?

식물을 공부하다 보면 선뜻 받아들이기 어려운 과학적 지식과 마주칠 때가 있어요. 민들레도 그래요. 우리나라에 민들레는 없고 모두 '털민들레'라는 이야기가 예전부터 많이 떠돌았어요. 털민들레는 민들레와 비교해 바깥쪽 총포조각에 거미줄 같은 흰 털이 있는 식물이에요. 그런데 실제로 연구해 보니 우리나라에서 자라는 것은 바깥쪽 총포조각에 흰 털이 있는 털민들레뿐이었어요. 그래서 이름을 털민들레로 바꿨는데 아쉬워하는 사람이 많았어요. 최근에 회의를 거쳐 다시 민들레라는 이름으로 부르기로 했으니 정말 다행이에요.

강남 갔던 제비가 돌아올 때 피어요

제비꽃 (제비꽃과)

Viola mandshurica W.Becker
전국의 숲 가장자리나 볕이 잘 드는 곳에서 자라며
4~5월에 꽃 피는 여러해살이풀

전남 영광군 월산리의 제비꽃

강남 갔던 제비가 돌아올 때쯤 피어서 제비꽃이라는
이름이 붙었어요. 여기서 강남은 우리나라 서울 한강의
남쪽이 아니라 중국 양쯔강의 남쪽을 말해요. 제비는
겨울을 나기 위해 강남으로 갔다가 봄이 되면 우리나라
로 돌아오는 여름 철새예요. 보통 음력 9월 9일 중양절
에 갔다가 3월 3일 삼짇날에 돌아온다고 해요. 같은 수
가 겹치는 날에 오가는 새여서 제비가 둥지를 트는 집

제비

에는 좋은 일이 생긴다고 믿었어요. 흥부전에서 자신을 잘 돌봐준 흥부에게 박 씨를
물어다 준 새도 제비예요. 우리에게 친밀한 새지만, 요즘은 시골 아니면 보기가 어려
워졌어요.

생김새 제비 모양의 꽃잎, 긴 꿀주머니

어떤 사람은 꽃 모양이 제비를 닮아서 제비꽃이라고 한다고도 해요. 꽃잎이 5장이라 언뜻 그런 것 같긴 한데 어디가 꼬리이고 어디가 머리인지 모르겠어요. 아마도 아래쪽 꽃잎을 머리, 위쪽 두 장의 꽃잎을 꼬리로 보는 것 같아요. 양옆으로 날개처럼 달린 꽃잎은 곁꽃잎이라고 해요. 제비꽃은 이

곁꽃잎 안쪽에 털이 있음

꽃잎은 5개

아래쪽 꽃잎에 흰색 바탕의 보라색 줄무늬로 곤충에게 꿀이 있는 장소를 알려줌

제비꽃의 꽃 구조

곁꽃잎 안쪽에 털이 있어요. 아래쪽 꽃잎에는 흰색 무늬가 있어서 곤충에게 꿀이 있다고 알려줘요. 꿀은 뒤쪽의 꿀주머니에 있어요. 그래서 벌들은 꿀을 먹기 위해 제비꽃의 꽃 속으로 몸을 많이 디밀어야 해요. 그렇게 조금은 어렵게 해야 꽃가루받이가 잘 일어나요. 잎은 구둣주걱 모양이에요. 잎자루는 길고 잎과 만나는 곳에 날개가 있는 점이 특징이에요. 열매는 달걀 모양이고, 익으면 세 갈래로 갈라지면서 갈색 씨를 드러내요.

뒤쪽에 달린 꿀주머니

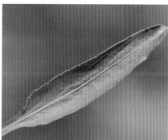

잎자루에 날개가 있는 잎

달걀 모양의 열매

이야기 껍질을 오므라들게 해서, 그다음은 개미 이용

제비꽃이 씨를 퍼뜨리는 방법은 두 단계로 진행돼요. 일단, 열매가 익어 세 갈래로 갈라져 벌어지면 갈라진 조각 위에 씨가 두세 줄 정도 얹혀 있어요. 삼촌은 처음에

제비꽃의 열매가 갈라져 벌어지는 힘으로 씨를 튕겨내는 줄 알았어요. 그런데 어떤 제비꽃은 씨가 날아가지 않고 그대로 담겨 있기도 해서 참 이상하다 싶었어요. 나중에 알고 보니 제비꽃은 날이 건조해지면 세 갈래로 갈라진 열매 조각이 오므라들면서 그 오므라드는 힘으로 씨를 멀리 튕겨내는 것이었어요. 어느 학자가 하얀 종이를 바닥에 깔

갈라져 벌어진 열매 속의 씨에 엘라이오솜이 붙어 있다

고 실험해 보니 제비꽃의 씨가 무려 5m나 날아갔다고 해요. 갈라진 열매 조각이 오므라드는 힘만으로도 제자리에서 5m까지 씨를 날려 보내는 셈이에요.

하지만 그 정도로는 성에 차지 않는지 제비꽃은 개미에게 심부름까지 시켜요. 깽깽이풀처럼 말이에요. 개미한테 주는 심부름 값으로 제비꽃도 엘라이오솜(유질체)을 씨에 붙여놓았어요. 열매의 껍질 안쪽에 씨가 붙도록 바늘 모양으로 된 부분이에요. 바닥에 떨어진 제비꽃의 씨를 개미가 물어가면 훨씬 더 멀리까지 퍼뜨릴 수 있어요.

그렇다면 제비꽃은 왜 두 번에 걸쳐 씨를 멀리 퍼뜨리려고 할까요? 우선, 자기 종족인 제비꽃이 살아가는 곳을 넓히려는 데 이유가 있어요. 세력을 넓혀야만 다른 식물과의 경쟁에서 유리할 수 있거든요. 다음으로, 제 씨가 제 옆에 떨어져서 함께 자라면 부모와 자식이 양분이나 꽃가루받이를 놓고 경쟁하는 사이가 되어서 그래요. 그러니 같은 식물끼리 경쟁하는 것을 피하려고 되도록 멀리 씨를 퍼뜨리려는 것이에요. 생태계의 생물들은 이렇게 끊임없는 경쟁 속에서 살아요. 선택은 둘 중 하나예요. 경쟁해서 이기거나, 아니면 피해서 달아나거나!

환경이라는 요소는 좀 달라요. 환경은 경쟁상대도 아니고 결코 이길 수 없는 상태이므로 식물은 환경에 순순히 응하고 적응해서 살아남으려고 노력해요.

쓰임새 반지꽃, 씨름꽃, 오랑캐꽃, 별명 부자

전에는 제비꽃도 먹거나 약으로 썼다고 해요.
하지만 지금은 그렇게 하지 않아요. 전에는 제비
꽃이 지금보다 더 흔해서 놀이할 때 많이 이용했

• 오랑캐: 야만스러운 종족이라는 뜻에서 침략자를 업신여겨 이르던 말

어요. 꽃줄기를 손가락에 둥글게 말아서 반지처럼 끼었다고 해서 '반지꽃'이라고 해
요. 두 개의 꽃줄기를 서로 엇갈리게 해서 잡아당겨서 끊어지는 놀이를 하는데, 그
모습이 씨름 같다고 해서 '씨름꽃'이라고도 했어요. 그런가 하면 제비꽃을 '오랑캐꽃'
이라고도 해요. 꽃 뒤에 달린 꿀주머니가 **오랑캐**의 뒷머리를 닮아서 그래요. 그 밖에
도 제비꽃은 별명이 많아요. 별명이 많으니 '별명 부자'라는 별명도 붙여줄 만해요.

닮은 친구 서울제비꽃, 남산제비꽃

아마 제비꽃만큼 친구가 많은 친구도 없을 거예요. 그중에서도 서울에서 발견되
어 이름 붙여진 친구로 '서울제비꽃'이 있어요. 잎이 타원 모양으로 넓고 잎 양면과
꽃줄기에 털이 많은 점이 특징이에요. 서울에서 많이 자라지만, 서울 외의 여러 지
역에서도 자라요. 단, 제주도에서는 자라지 않아요. 제주도 좋은 줄 아직 모르는 모
양이에요.

잎이 넓고 꽃줄기에 털이 많은 서울제비꽃

잎이 코스모스처럼 잘게 갈라지는 남산제비꽃

서울의 남산에서 처음 발견되어 이름 붙여진 친구는 '남산제비꽃'이에요. 꽃이 흰색이고 잎이 코스모스처럼 여러 갈래로 잘게 갈라지는 점이 특징이에요. 제비꽃 종류 중 꽃에서 꿀 향기가 가장 많이 나서 볼 때마다 맡게 돼요.

그거 알아요?

여름철새와 겨울철새의 차이

제비처럼 봄부터 방문하는 여름철새와 달리 가을부터 방문하기 시작하는 겨울철새는 차이점이 있어요. 여름철새는 번식하기 위해 우리나라를 찾고 겨울철새는 겨울을 나기 위해 우리나라를 찾아온다는 점이에요. 그래서 여름철새는 둥지를 틀고 번식하는 모습을 볼 수 있고, 겨울철새는 겨울이 지나면 자신들이 번식하는 곳을 찾아 날아가요. 번식이나 겨울나기와 관계없이 잠깐 들렀다 가는 새는 나그네새라고 해요.

여름철새인 흰눈썹황금새

겨울철새인 노랑배진박새

아기는 똥도 예쁜가 봐요
애기똥풀 (양귀비과)

Chelidonium majus subsp. *asiaticum* H.Hara
전국의 들에서 자라며
5~10월에 꽃 피는 두해살이풀

경기도 안성시 서운산의 애기똥풀

잎이나 줄기를 자르면 갓난아기의 무른 똥처럼 노란 액이 나온다고 해서 애기똥풀이라고 해요. 엄마 젖이나 분유를 먹는 아기들은 대개 그런 똥을 누거든요. 식물 이름에 '애기' 자가 들어가면 대개 작고 앙증맞다는 뜻이에요. 애기똥풀은 그렇지 않고 아기와 직접 관련이 있는 점이 달라요. 애기똥풀의 꽃이 귀엽기는 하지만 키가 30~80㎝까지 자라는 친구라 그리 작지는 않아요. 줄기가 가늘면서 억세다고 해서 '까치다리'라는 별명도 갖고 있어요.

그런데 참 이상하죠? 아기가 똥을 누면 우리는 손으로 코를 쥐는데 기저귀를 갈아 주는 엄마의 얼굴에는 미소가 지어져요. 엄마의 코에는 아기 똥의 구린내가 맡아지지 않는가 봐요.

생김새   네 장의 꽃잎, 깃 모양으로 갈라지는 잎, 엘라이오솜이 붙은 씨

애기똥풀의 줄기는 가지를 많이 치는 편이에요. 몸에 희고 긴 털이 많아서 아기의 뽀송뽀송한 솜털 같아요. 꽃봉오리를 감싸는 꽃받침조각에도 긴 털이 달려요. 꽃은 노란색으로 피고 꽃잎이 4장이에요. 수술은 많이 달려요. 암술은 1개이고 암술머리가 두 갈래로 갈라져요. 봄부터 피기 시작해서

애기똥풀의 꽃 구조

늦가을까지도 피는 모습을 볼 수 있어요. 잎은 어긋나기하고 새의 깃 모양으로 깊게 갈라져요. 잎이나 줄기를 자르면 아기 똥 같은 노란 액이 나와요. 열매는 기둥 모양으로 길쭉하고 끝에 암술머리가 남아요. 익으면 갈라지면서 엘라이오솜이 붙은 까만 씨를 드러내요.

새의 깃 모양으로 갈라지는 잎

자르면 나오는 노란 액

엘라이오솜이 붙은 씨

이야기   시인을 부끄럽게 만든 작은 꽃

삼촌도 처음에는 애기똥풀과 괭이밥을 구분하지 못해 한참이나 헷갈렸어요. 지금 생각하면 우스운 일이지만 그때는 그랬어요. 뭐든 처음부터 잘하는 사람은 없으니까요. 노란색 꽃이면 무조건 애기똥풀이겠거니 하고 잎을 따보면 아무 액도 나오지 않아 꽃에 미안했어요. 괭이밥이었던 것이에요. 그러다 잎만 나와 있는 풀을 발견하

고는 이건 또 뭐지 하고 잎을 따보면 노란 액이 나왔어요. 애기똥풀이었던 것이에요. 꽃잎이 네 장이면 애기똥풀, 다섯 장이면 괭이밥인데 그런 것조차 모르고 맨날 잎만 잘라봤던 것이에요. 사실 잎의 모양도 완전히 달라서 애기똥풀은 깃 모양으로 갈라지고 괭이밥은 하트 모양이에요. 삼촌만 그런 게 아니라 안도현 시인도 그랬어요. 서른다섯 살이 될 때까지 애기똥풀도 모르면서 시를 써온 자신이 부끄럽다고 고백하는 시를 쓰기도 했어요.

<애기똥풀>

안도현

나 서른다섯 될 때까지
애기똥풀 모르고 살았지요
해마다 어김없이 봄날 돌아올 때마다
그들은 내 얼굴 쳐다보았을 텐데요

코딱지 같은 어여쁜 꽃
다닥다닥 달고 있는 애기똥풀
얼마나 서운했을까요

애기똥풀도 모르는 것이 저기 걸어간다고
저런 것들이 인간의 마을에서 시를 쓴다고

쓰임새 백굴채라는 이름의 약재

애기똥풀은 '백굴채(白屈菜)'라고 해서 위에 생기는 통증을 줄이거나 피부병에 약으로 쓰기도 해요. 하지만 독이 있으니 함부로 먹는 것은 좋지 않아요. 특히 피부가 약한 친구들은 애기똥풀의 노란 액이 닿으면 깨끗이 씻는 것이 좋아요. 똥은 아니지만, 애기똥풀이 자신을 보호하려고 내놓는 독이니까요.

닮은친구 피나물, 매미꽃

잎이나 줄기를 잘랐을 때 액이 나오는 친구들이 여럿 있어요. 그중에서도 애기똥풀과 가장 비슷한 친구가 '피나물'이에요. 잎이나 줄기를 자르면 피 같은 액이 나온다고 해서 이름 붙여졌어요. 실제로는 피처럼 붉은색이 아니라 진한 주황색에 가까워요.

남부지방에는 피나물과 비슷한 친구로 '매미꽃'이 있어요. 꽃이 피나물보다 늦게 피지만 생김새가 아주 비슷해요. 그런데 잘 보면 피나물은 잎겨드랑이에서 꽃줄기가 나오고, 매미꽃은 꽃줄기가 뿌리 쪽에서 올라오는 점이 달라요. 꽃이 어디에서 나오느냐에 따라 다른 것이에요. 요즘은 수목원이나 서울시의 남산공원 등지로 매미꽃을 옮겨와 심기도 해서 비교해 보기 좋아요.

피나물이나 매미꽃도 애기똥풀처럼 독이 있는 식물이에요. 그리고 씨에 엘라이오솜이 붙어 있어서 개미를 이용해 번식하는 점도 같아요.

꽃줄기가 잎겨드랑이에서 나오는 피나물

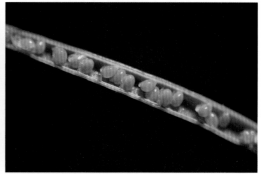

엘라이오솜이 붙은 피나물의 씨(덜 익은 것)

꽃줄기가 뿌리에서 곧장 올라오는 매미꽃

엘라이오솜이 붙은 매미꽃의 씨

그거 알아요?

자르면 액이 나오는 양귀비과 식물

양귀비과의 식물은 잎이나 줄기를 자르면 액이
나오는 경우가 많아요. 기본적으로 독을 가져서
그래요. 자신을 보호하기 위해 내놓는 그 독을 사
람들은 조금씩 약으로 이용해요. 그래서 옛날에
는 비상약으로 쓴다고 집 안에 양귀비를 기르는
집이 많았어요. 하지만 나쁜 성분이 있어서 재배
하는 것을 금지했어요. 지금은 꽃양귀비라고 불
리는 예쁜 꽃들을 화단이나 길가에 많이 심어요.

화단이나 길가에 많이 심는 꽃양귀비

쓰임새 많은 주근깨 백합

참나리 (백합과)

Lilium lancifolium Thunb.
전국의 산과 들에서 자라며
7~8월에 꽃 피는 여러해살이풀

전남 여수시 거문도 수월산의 참나리

    나리는 흔히 백합(百合)을 뜻해요. 땅속의 비늘줄기가 100겹이나 될 만큼 많아서 백합으로 불러요. 참나리는 나리 종류 중에서 '진짜 나리'라는 뜻이에요. 예로부터 우리 조상들은 먹을 수 있거나 쓰임새가 있는 식물에 '참' 자를 붙여서 불렀어요. 참나리도 우리 주변에서 가장 많이 볼 수 있는 데다 먹거나 약으로도 썼기도 했기에 '참' 자를 붙일 만해요. 땅속의 비늘줄기 때문인지 줄기에 달리는 살눈 때문인지 '알나리'라고도 해요.

    참나리는 열매가 아닌 다른 방식으로도 번식해요. 열매가 없어도 된다면 꽃은 왜 열심히 피우는지 모르겠어요. 꽃으로도 열매 맺어 씨를 퍼뜨리고 다른 방식으로도 번식해서 그런지 우리 주변에서 흔히 자라는 편이에요.

생김새 호랑이 무늬 화피, 살눈으로 번식, 둥근 비늘줄기

참나리는 키가 1m가 넘는 친구예요. 익어가는 고추처럼 생긴 길쭉한 꽃봉오리가 특이해요. 큰 키에 걸맞게 꽃도 큰 편이에요. 줄기 끝에 아래를 향해 주렁주렁 매달리는 꽃을 보면 정말 탐스러워요. 향기는 거의 나지 않아요. 화피는 6개이고 주황색이며 뒤로 활짝 젖혀지는데 안쪽에 검붉은 반점이 있어요. 그것이 호랑이 무늬 같다고 해서 외국에서는 타이거 릴리(tiger lily)라고 해요.

삼촌이 보기에는 얼굴에 난 주근깨 같아요. 수술은 6개이고 꽃 밖으로 길게 나와요. 꽃밥은 검붉은색이고 수술대 끝에 T자형으로 달려요. 잘못해서 옷에 꽃가루가 묻으면 잘 지워지지 않으니 조심해야 해요. 암술대는 1개예요. 잎은 어긋나기해요. 줄기 위쪽의 잎겨드랑이에는 흑갈색의 둥근 **살눈**이 달려요. 땅속에는 둥근 **비늘줄기**가 있어요. 열매는 긴 달걀 모양이에요.

- 살눈: 어미의 몸에 달려 있다가 새로운 개체로 되는 눈 = 주아(珠芽)
- 비늘줄기: 여러 개의 비늘조각이 줄기의 밑부분을 둘러싼 저장 기관

화피조각은 6개, 안쪽에 검붉은 반점이 있음

수술은 6개, 화피보다 길게 나옴

암술대는 1개

참나리의 꽃 구조

어긋나기하는 잎

땅속의 둥근 비늘줄기

긴 달걀 모양의 열매

열매는 없어도 돼. 난 살눈으로도 번식하거든!

식물이 꽃을 피우는 이유는 열매를 맺으려는 것에 있어요. 참나리도 그러해서 꽃이 화려하고 열매를 분명히 맺어요. 방문하는 곤충이 많은 것에 비해 참나리가 열매를 잘 맺지 못한다는 말이 있지만 실제로는 그렇지 않아서 열매가 곧잘 달려요. 사람의 코에는 향기가 잘 맡아지지 않지만, 곤충은 그렇지 않은지 커다란 제비나비 종류가 참나리를 참 좋아해요.

그런데 참나리는 열매만으로는 부족했나 봐요. 줄기 위쪽에 흑갈색의 살눈을 만들어서 번식해요. 씨처럼 보이지만 씨가 아니라 '살눈'이라고 해요. 그것이 땅에 떨어지면 자신과 똑같은 모습의 참나리가 생겨나요. 그런 방식으로 번식하니까 참나리는 무리를 잘 이뤄요. 곤충의 도움 없이 꽃가루받이하지 않은 채 후손을 손쉽게 만드는 방법이에요. 먼 미래를 생각하면 그리 좋은 방법인 것은 아니지만 빨리 무리를 이룬다는 장점이 있어요. 그렇다 보니 참나리는 살눈으로 번식하는 습성을 계속 버리지 못하는 것 같아요.

게다가 참나리는 땅속의 비늘줄기를 떼어 하나씩 심어서 번식시킬 수도 있어요. 꽃가루받이하지 않고 이렇게 살눈이나 비늘줄기로 번식하면 자신과 똑같은 후손이 생겨나요.

참나리를 좋아하는 제비나비

위쪽 줄기에 달리는 살눈

<u>쓰임새</u> 꽃을 보는 식물

참나리는 어린잎과 비늘줄기를 찌거나 구워 먹기도 하고 약으로 쓰기도 해요. 땅속의 비늘줄기를 염료로 쓴다고도 해요. 꽃이 워낙 크고 화려해서 정원이나 화단에 꽃을 보는 식물로 심으면 좋아요. 드물게 화피에 무늬가 거의 없는 것도 있어요. 흔히들 '민참나리'라고 해요.

정원에 무리 지어 심은 참나리

화피에 무늬가 거의 없는 종류(민참나리)

<u>닮은 친구</u> 털중나리, 중나리

참나리와 비슷한 친구로 '털중나리'와 '중나리'가 있어요. 이 중 털중나리는 참나리와 하도 비슷해서 많이들 헷갈려요. 참나리와 비교해 털중나리는 줄기에 살눈이 전혀 달리지 않고 털이 많으며 참나리보다 한 달 정도 늦게 꽃이 피는 점이 달라요. 키가 참나리보다 작은 편이에요.

털중나리와 이름이 비슷한 중나리는 꽃의 색이 연한 편이고, 꽃이 하늘과 땅의 중간을 향해 피어서 중나리라고 해요. 비교적 드문 편이에요.

줄기에 털이 많고 늦게 피는 털중나리

꽃이 중간을 향해 피는 중나리

그거 알아요?

수술이 까딱거리는 이유

참나리의 수술을 살펴보면 수술대 끝에 꽃밥이 T자형으로 붙어 있어요. 손가락으로 건드려보면 까딱까딱해요. 왜 그렇게 만들었을까요? 이유는 나비류의 몸에 꽃가루가 잘 붙게 하려는 데 있어요. 나비류가 방문하기 좋아하는 나리 종류들은 어느 한쪽만 건드리면 꽃밥이 붙을

T자형으로 붙어 까딱거리는 참나리의 꽃밥

수 있게 까딱거리는 형태로 꽃밥을 달아놓았어요. 나비류의 몸에는 물과 먼지가 달라붙지 않도록 비늘가루가 덮여 있는데, 그 비늘가루를 이겨내고 꽃가루를 잘 붙도록 나리 종류들은 끈적거리는 성질이 강한 꽃가루를 만들어요. 그래서 참나리의 꽃가루가 사람 옷에 묻으면 잘 지워지지 않으니 혹시 묻으면 얼른 지워야 해요.

까마귀의 오줌통 또는 파리 잡는 함정

쥐방울덩굴 (쥐방울덩굴과)

Aristolochia contorta Bunge
제주 제외 지역 산자락이나 들에서 자라며
7~8월에 꽃 피는 여러해살이풀

경기도 평택시 진위천의 쥐방울덩굴

앞에 '쥐'가 붙은 단어는 진짜 쥐가 아니면 대개 '작다'는 것을 뜻해요. 쥐방울은 '작다'는 뜻으로 써서 아주 작은 방울을 나타내는 말이에요. 그래서 "쥐방울만 한 녀석이 까불고 있네!"라는 식으로 써요.

식물 이름에 들어가는 '쥐방울'도 작다는 뜻이에요. 쥐방울덩굴이 그러해서 쥐방울처럼 작은 열매가 달리는 덩굴을 가리켜요. 익기 전에는 쥐방울처럼 보이지만 익어서 벌어지면 바구니나 낙하산처럼 보여요. 까마귀가 누고 가는 오줌통 같다고 해서 까마귀오줌통이라고도 해요. 그런데 쥐방울덩굴은 열매보다 꽃이 특이한 친구예요. 파리류를 잡아 가두는 함정이거든요. 신기하게도 쥐방울덩굴은 꼬리명주나비가 애타게 찾아다니는 풀이기도 해요.

나팔 모양의 꽃, 하트 모양의 잎, 낙하산 열매

쥐방울덩굴은 줄기가 덩굴져서 다른 물체를 휘
감으며 자라요. 꽃은 잎겨드랑이에 황록색으로 피
어요. 꽃받침은 통 모양이고 밑부분이 부풀어서
자루처럼 불룩하고 위쪽은 나팔 모양으로 벌어지
면서 끝이 길게 자라나요. 수술은 6개이고 암술대
와 합쳐 달리는데 꽃받침의 통 속에 감추고 있어

꽃받침은 통 모양, 위쪽은 나팔 모양

아래쪽은 부푼 모양

쥐방울덩굴의 꽃 구조

서 밖에서는 보이지 않아요. 잎은 어긋나기하고 하트 모양이며 가장자리는 밋밋한
편이에요. 열매는 아래를 향해 달리고, 갈색으로 익으면 6갈래로 갈라져 거꾸로 된
낙하산 모양이 돼요. 그 안에 들어 있는 갈색 씨는 날개가 있어서 바람에 잘 흩어져
날아가요.

하트 모양의 잎

덜 익은 열매

익어서 벌어진 열매

파리를 이용하라!

쥐방울덩굴도 제꽃가루받이를 피하려고 암술과 수술이 자라는 시기를 다르게 해요.
족도리풀처럼 암술이 수술보다 먼저 자라는 방식이에요. 쥐방울덩굴의 꽃에서는 미약
하나마 향기가 나요. 그 향기에 이끌려 쥐방울덩굴의 꽃을 찾아오는 건 작은 파리류예
요. 여름에 산길을 걸을 때 우리 눈 속으로 막 들어오려고 하는, 그래서 흔히 눈곱파리

라고 부르는 물파리 종류가 오는 것으로 보여요. 이 작은 파리류는 쥐방울덩굴 꽃에서 나는 향기에 이끌려 꽃 안으로 들어가요. 입구는 넓지만, 안으로 들어가면 좁아지는 구조예요. 꽃의 통 부분에는 들어오는 방향과 같은 방향으로 난 흰색 털이 있어요. 긴 털이지만 들어갈 때는 아무 문제가 없어요. 만약

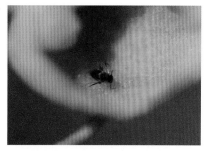

쥐방울덩굴 꽃 속에 갇힌 물파리 종류

암술이 자라는 시기라면 꽃 속에는 수술이나 꽃가루는 없어요. 다른 쥐방울덩굴의 꽃에서 꽃가루를 묻히고 온 파리류가 있다면 꽃가루받이가 될 수 있는 시기예요. 꽃 안에 별로 먹을 것이 없다 싶으면 파리류가 밖으로 나가려고 해요. 하지만 들어오는 방향으로 난 털에 걸려서 도로 나갈 수가 없어요. 함정에 걸려든 셈이에요.

　하지만 파리류는 그 안에서 죽지 않아요. 만약 죽게 되면 쥐방울덩굴의 꽃가루를 다른 쥐방울덩굴의 꽃에 전달하지 못하므로 쥐방울덩굴은 파리류를 다시 밖으로 내보내야 해요. 출구가 잠시 막혀 있지만 모든 건 시간이 해결해줘요. 암술이 자라는 시기가 끝나고 수술이 자라는 시기가 되면 입구를 막고 있던 흰색 털이 점점 흑갈색으로 변해 없어지면서 길을 열어주거든요. 마치 면도기로 수염을 밀어낸 것 같아요. 그럼 아주 자연스럽게 탈출할 수 있어요. 꽃의 입구를 좁게 하고 그곳에 난 털로 파리류의 출입을 통제해서 꽃가루받이하는 방식이에요.

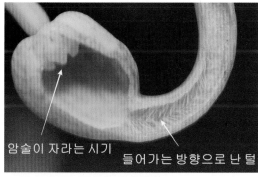

암술이 자라는 시기　들어가는 방향으로 난 털

암술이 자라는 시기의 쥐방울덩굴의 꽃

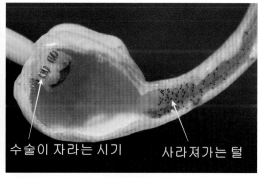

수술이 자라는 시기　사라져가는 털

수술이 자라는 시기의 쥐방울덩굴의 꽃

<u>쓰임새</u>　마두령이라는 이름의 약재로 썼지만, 지금은 사용 금지

　전에는 쥐방울덩굴의 뿌리와 열매를 약으로 썼어요. 특히 가을에 누렇게 익은 열매를 따서 햇볕에 말린 것을 '마두령(馬兜鈴)'이라는 이름의 약재로 썼어요. '말의 투구에 다는 방울'이라는 뜻이에요. 열을 내리고 가래를 삭이며 기침을 멎게 하고 균을 죽이는 작용이 있다고 해요. 그런데 쥐방울덩굴에 들어 있는 성분이 사람의 신장에 해를 주고 암을 일으키는 물질로 알려지면서 우리나라에서는 2005년부터 수입을 금지하고 사용을 중지시켰어요. 이래서 식물을 함부로 먹거나 약으로 쓰는 것은 좋지 않아요.

<u>닮은 친구</u>　등칡

덩굴성 나무인 등칡의 꽃

　쥐방울덩굴과 비슷한 친구로 등칡이 있어요. 등칡은 풀꽃이 아니라 나무인 친구예요. 등칡은 쥐방울덩굴과 같은 덩굴성 식물이지만 꽃이 훨씬 크고 색소폰 모양인데 그 또한 파리류를 가두는 함정이에요. 그런데 쥐방울덩굴과는 사뭇 다른 방법으로 파리류를 가뒀다가 풀어주는 방식으로 꽃가루받이해요. 그 재미난 이야기는 나무 책에서 알려줄게요.

꼬리명주나비 애벌레의 먹이식물

쥐방울덩굴은 독성을 가진 식물이지만, 쥐방울덩굴 없이는 못 사는 나비가 있어요. 바로 꼬리명주나비예요. 꼬리명주나비는 애벌레가 쥐방울덩굴의 잎을 먹이식물로 삼아요. 그래서 쥐방울덩굴이 자라는 곳에서는 꼬리명주나비가 너울너울 날아다녀요. 번식기에는 짝짓기 후

꼬리명주나비의 교미(위가 암컷, 아래는 수컷)

쥐방울덩굴의 잎에 알을 슬어놓은 모습도 볼 수 있어요. 애호랑나비에게 족도리풀 종류가 필요한 것처럼 꼬리명주나비에는 쥐방울덩굴이 필요해요. 쥐방울덩굴만 있으면 살아갈 수 있지만 쥐방울덩굴이 사라진다면 꼬리명주나비도 사라질 운명이에요.

쥐방울덩굴 잎에 슬어놓은 꼬리명주나비의 알

쥐방울덩굴 잎을 먹는 꼬리명주나비 애벌레

수술의 수수께끼를 풀어라!

닭의장풀 (닭의장풀과)

Commelina communis L.
전국의 산과 들에서 자라며
7~10월에 꽃 피는 한해살이풀

강원도 삼척시 두타산의 닭의장풀

닭의장풀은 닭장 주변에서 자라는 풀이라서 붙여진 이름이라는 이야기가 떠돌아요. 하지만 그보다는 닭의 창자를 뜻하는 '계장초(鷄腸草)'에서 온 이름이라고 해요. 무엇이 닭의 장을 닮았다고 하는 건지는 확실치 않으나 열매를 감싼 포엽의 모습이 달걀을 품은 닭의 장과 비슷하다고 여긴 것이 아닌가 하는 생각을 해요. 그 외에 '달개비', '달개비풀', '닭의밑씻개' 등으로도 불려요.

그런데 이 흔한 풀에 묘한 비밀이 숨어 있어요. 어느 위치에 달린 어떤 모양의 수술이냐에 따라 거기서 나오는 꽃가루의 기능이 조금씩 달라요. 꽃가루면 다 같은 꽃가루지 뭐가 다를까 싶지만, 분명히 달라요. 닭의장풀은 왜 그런 수술과 꽃가루를 만드는 걸까요? 묘한 닭의장풀의 세계로 여러분을 초대할게요.

112

생김새 미키마우스 닮은 꽃잎, 수술은 6개(3+1+2)

줄기는 비스듬히 서고 아래쪽에서 가지가 갈라져요. 꽃은 잎겨드랑이에서 나온 꽃대 끝에 파란색으로 피어요. 꽃받침조각(바깥쪽 화피)은 3개이고 흰색이며 타원 모양이에요. 꽃잎(안쪽 화피)도 3개예요. 위쪽 꽃잎 2개는 파란색이고 크며 둥근 것이 미키마우스의 귀를 닮았어요. 아래쪽 꽃잎 1개는 작고 뾰족하며

닭의장풀의 꽃 구조

흰색이라 꽃받침조각처럼 보여요. 수술은 모두 6개예요. 그중 위쪽 3개는 꽃밥이 리본 모양이고 가운데 1개는 삼각 모양이며 아래쪽 2개는 타원 모양이에요. 암술은 1개이고 길어요. 포엽은 넓은 삼각형이고 반으로 접히면서 꽃이나 열매를 감싸요. 잎은 어긋나기하고 끝이 뾰족해요. 열매는 포엽에 싸여요.

반으로 접히는 포엽

끝이 뾰족한 잎

포엽에 싸인 열매

이야기 수술의 수수께끼

닭의장풀이 신기한 이유는 수술에 있어요. 모두 6개의 수술이 달리는데 위치에 따라 꽃밥의 모양과 꽃가루의 기능이 조금씩 달라요.

꽃 위쪽에 달리는 3개의 수술은 꽃밥이 리본 모양이에요. 가운데에 달리는 1개의 수술은 꽃밥이 삼각 모양이고요. 맨 아래쪽에 달리는 2개의 수술은 꽃밥이 타원 모양이에요. 암술은 대개 아래쪽 2개의 수술 사이에 자리해요. 참 신기하죠? 닭의장풀은 왜 이렇게 다양한 위치의 수술과 복잡한 모양을 꽃밥을 갖게 되었을까요? 현재까지 알려지기로는 역할을 나눴기 때문이라고 해요.

꽃 위쪽 3개의 수술에 달리는 리본 모양의 꽃밥은 곤충을 속여서 유인하는 역할을 담당해요. 꽃가루와 같은 노란색 꽃밥이라 꽃가루가 많은 것처럼 보이고 뒤쪽의 파란색 꽃잎과 대비되는 색깔이다 보니 곤충의 시선을 끌어요. 하지만 꽃가루는 조금만 나와요. 곤충을 속여서 먹이로 주는 꽃가루다 보니 열매 맺는 기능이 없다고 해서 이 수술을 대개 헛수술이라고 부르긴 해도 연구 결과 아주 조금 열매 맺는 기능이 있다고 해요. 물론, 암술과 멀리에 떨어져 있으므로 꽃가루받이와 큰 관련은 없지만요. 방문 곤충에게 먹이로 주는 꽃가루 역할을 맡다 보니 열매 맺는 능력이 점점 없어지게 된 것으로 보여요.

곤충은 이 꽃밥의 꽃가루를 먹을 때 다리로 붙잡을 것이 많아 안정된 자세에서 식사할 수 있어요. 그러고 그 과정에서 배와 뒷다리에 아래쪽 수술의 꽃가루를 묻히게 돼요. 만약 다른 닭의장풀의 꽃가루를 묻히고 온 곤충이라면 자연히 그 꽃의 암술에 꽃가루를 옮겨주게 되고요. 가운데 1개의 수술에 달리는 삼각 모양의 꽃밥은 곤충 유인과 꽃가루받이를 담당해요. 여기에서 나오는 꽃가루는 열매 맺는 것과 관련이 없고 오로지 곤충에게 먹이로 주기 위한 것이라는 주장이 있어요. 하지만 그럴 거면 리본 모양의 꽃밥을 가진 위쪽 수술 3개와 다르게 만들 필요가 없었을 거예요. 그리고 이곳 가운데 수술에서 만드는 꽃가루의 생존력이 매우 높다고 해요. 그러니 분명히 꽃가루받이하기 위한 꽃가루를 만드는 수술로 보여요. 딴꽃가루받이가 일어나지 않으면 암술과 수술이 모두 한데 말려 자기 꽃가루를 자기 암술로 옮기는 제꽃가루받이라도 하려고 하는데, 그때 이 가운데 수술의 꽃밥과 암술이 붙는다고 해요.

그러므로 가운데 수술의 꽃가루는 곤충한테 먹이로 주기도 하고, 나중에 혹시 하게 될 제꽃가루받이에도 쓰는 것이에요. 쓰임새가 두 가지여서 그럴까요? 이 꽃밥에서 가장 많은 꽃가루가 나온다고 해요. 삼촌이 보기에는 작은 곤충이 꽃 위쪽 수술의 꽃가루를 먹는 과정에서 가운데 수술의 꽃가루가 몸에 묻게 되고, 그 작은 곤충이 다른 닭의장풀로 가서 가운데 수술의 꽃가루를 먹으려고 한다면 그 과정에서 아래쪽의 암술을 건드리므로 얼마든지 딴꽃가루받이가 일어날 수 있지 않을까 싶어요.

　아래쪽 2개의 수술에 달리는 타원 모양의 꽃밥은 꽃가루받이만을 담당해요. 작고 안쪽을 향해 있어서 곤충에게 잘 보이지 않는 꽃밥이에요. 혹시 곤충이 발견하고는 꽃가루를 먹으려고 다가가도 꽃밥이 안쪽을 향해 있고 아래쪽에 붙잡을 만한 것이 없다 보니 자세가 불안해서 맘껏 먹기 어려워요. 곤충을 이용해 다른 닭의장풀의 암술에 전달하려는 꽃가루이므로 당연히 열매 맺는 기능이 있어요. 곤충이 위쪽 3개 수술이나 가운데 수술의 꽃가루를 먹는 과정에서 이 아래쪽 수술의 꽃가루를 몸에 묻히게 돼요. 그래서 아래쪽 2개의 수술은 딴꽃가루받이를 하는 데 매우 중요해요.

위쪽 수술 3개는 곤충 유인 담당
(곤충에게 먹이로 주는 꽃가루라
열매 맺는 기능은 매우 약함)

가운데 수술 1개는
곤충 유인과 제꽃가루받이 담당
(곤충에게 먹이로 주기도 하지만
제꽃가루받이에 사용하는 꽃가루이므로
열매 맺는 기능이 있음)

아래쪽 수술 2개는 딴꽃가루받이 담당
(곤충이 먹기도 하지만 쉽지 않고
딴꽃가루받이에 사용하는 꽃가루이므로
열매 맺는 기능이 있음)

닭의장풀 꽃에 달린 수술의 역할과 꽃가루의 기능

위쪽 수술에서 편안하게 꽃가루를
먹는 호리꽃등에

가운데 수술에서 꽃가루를 먹는
호리꽃등에

아래쪽 수술에서 꽃가루를 먹으려고
애쓰는 호리꽃등에

복잡하지만, 다음과 같이 정리할 수 있어요. 맨 위쪽에 리본 모양 꽃밥을 가진 3개의 수술은 곤충 유인만 담당하므로 열매 맺는 기능이 매우 약한 꽃가루를 곤충에게 주어요. 가운데에 삼각 모양 꽃밥을 가진 1개의 수술은 곤충 유인과 꽃가루받이까지 담당하므로(주로 제꽃가루받이) 열매 맺는 기능이 있는 꽃가루를 만들어요. 아래쪽에 타원 모양 꽃밥을 가진 2개의 수술은 꽃가루받이만 담당하므로(주로 딴꽃가루받이) 열매 맺는 기능이 있는 꽃가루를 만들고 안쪽을 향해 있어서 곤충이 먹기는 어려워요.

이렇게 곤충 유인 역할과 꽃가루받이 역할로 나누고, 꽃가루받이도 제꽃가루받이와 딴꽃가루받이로 나눠서 담당하는 수술을 가진 식물이 닭의장풀이에요. 이 외에도 닭의장풀에는 과학이 미처 다 밝혀내지 못한 이야기가 많다고 하니 그저 놀랍기만 해요.

위쪽 수술에서 꽃가루를 먹는
체구가 작은 곤충

위쪽 수술에서 꽃가루를 먹는
체구가 큰 곤충

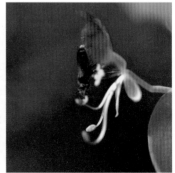
거꾸로 매달려 가운데 수술의
꽃가루를 먹는 체구가 작은 곤충

화상 치료, 파란색 천연염료

닭의장풀의 잎으로 즙을 내어 화상 치료에 쓰기도 해요. 꽃을 파란색 천연염료로 쓰기도 하고요. 하지만 요즘은 이렇게 쓰는 경우가 거의 없어서 그냥 잡초처럼 여기는 것 같아요.

닭의장풀 꽃에서 나온 파란 물

덩굴닭의장풀

닮은 친구 **덩굴닭의장풀**

닭의장풀과 비슷하게 생겼지만 덩굴져 자라는 친구가 '덩굴닭의장풀'이에요. 꽃을 자세히 들여다보면 노르스름하고 수술에 실 같은 조직이 많이 붙어 있어서 사뭇 달라요. 잎도 하트 모양으로 넓적해서 비슷한 점 못지않게 다른 점이 많이 보여요.

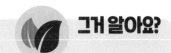

학명 이야기

17세기 'Commelin'이라는 이름의 식물학자가 세 명 있었는데, 뛰어난 실력을 갖춘 두 명과 달리 나머지 한 명은 변변치 못했다고 해요. 그 모습이 마치 큰 꽃잎 두 장과 작은 꽃잎 한 장으로 이루어진 닭의장풀 종류와 닮았다고 생각한 식물학자 린네가 'Commelina'라는 속명을 붙였다는 재미난 이야기가 있어요. 닭의장풀

꽃잎 세 개가 모두 파란색인 개체(주로 남부지방에서 발견된다)

은 실제로 위쪽에 파란색 큰 꽃잎이 2장 있고, 아래쪽에 흰색 작은 꽃잎이 1장 더 있어요. 같은 꽃잎이지만 색과 크기가 달라서 닭의장풀의 꽃잎이 모두 3장인지 알지 못하는 사람이 많아요.

그런데 제가 남부지방을 돌아다니다 보면 아래쪽의 꽃잎까지 파란색인 것을 볼 수 있어요. 같은 닭의장풀이 아닌 걸까요? 외국에도 그런 것이 있기는 한데 같은 것인지 다른 것인지 아직 잘 모르겠어요.

Oxalis corniculata L.
전국의 밭이나 길가의 빈터에서 자라며
4~9월에 꽃 피는 여러해살이풀

고양이의 소화제
괭이밥 (괭이밥과)

경기도 성남시 신구대학교식물원의 괭이밥

괭이밥은 고양이의 밥이라는 뜻의 이름이에요. 고양이의 밥이면 '쥐'를 떠올릴 수 있겠지만 고양이가 매일 쥐만 잡아먹는 건 아니니까요. 사실 고양이는 쌀로 된 밥은 소화하지 못한다고 해요. 고양이는 고기를 먹는 동물이라 밥을 소화하는 액이 위에서 나오지 않기 때문이에요. 당연히 채식주의자는 아닌데 고양이가 가끔 풀을 뜯어 먹는다고 해요. 왜 그러는 걸까요? 괭이밥은 잎

고양이

이 시큼해서 시금초 또는 시금풀이라고도 하는데, 실은 그것과 관련이 있어요. 삼촌도 어렸을 적에 입이 심심할 때나 놀이할 때 괭이밥 잎을 한두 장씩 따먹었던 기억이 나요.

생김새　다섯 장의 꽃잎, 하트 모양의 잎, 씨가 톡톡 튀는 열매

괭이밥의 줄기는 가지가 많이 갈라지고 비스듬히 자라요. 꽃은 잎겨드랑이에서 나온 긴 꽃대 끝에 1~5개가 노란색으로 모여 피어요. 꽃받침조각은 5개이고 털이 있어요. 꽃잎도 5개예요. 수술은 10개이고, 5개씩 2열로 배열돼요. 암술대는 5개예요. 잎은 어긋나기하고 작은잎이 3개씩 모여 달려요. **작은잎**은 하트 모양이고 털이 있어요. 밤이나 흐린 날에는 잎을 오므려요. 잎자루 밑에 턱잎이 달려요. 잎이나 줄기를 씹어보면 시큼한 맛이 나

• 작은잎: 겹잎을 이루는 각각의 작은 크기의 잎 = 소엽(小葉)

괭이밥의 꽃 구조

요. 잎과 꽃에 붉은색이 도는 것을 전에는 '붉은괭이밥'이라고 구분했지만, 지금은 괭이밥과 같은 것으로 보아요. 열매는 5각 기둥 모양이고 표면에 긴 털이 많으며 익으면 열매껍질이 툭툭 터지면서 씨가 튀어 나가요.

붉은색 꽃과 잎

하트 모양의 세 장의 잎

만지면 씨가 튀어 나가는 열매

이야기　고양이의 밥이라기보다 소화제

고양이는 절대 채식주의자가 아니에요. 분명히 고기를 먹는 동물이에요. 그래서 풀 뜯어 먹을 일은 없어요. 그런데 아주 가끔 풀을 뜯어 먹기도 해요. 주로 고기를 먹다 보

니 소화가 잘되지 않을 때 곧잘 풀을 뜯어 먹는다고
해요. 고양이는 자신이나 상대방의 몸을 혀로 핥아
깨끗이 하는 동작을 많이 해요. 그러다 보니 뱃속에
털 뭉치가 많아지는데 그것이 대변으로 빠져나가지
않으면 토해내야 해요. 그 털 뭉치를 토하고 싶을 때
고양이가 일부러 생풀을 뜯어먹는 모습을 볼 수 있
어요. 애완용 고양이한테 '캣그라스(cat grass)'라는 풀을
주는 것도 비슷한 이유에서 그런다고 해요.

고양이가 뜯어먹은 풀을 토하는 모습

쓰임새 소꿉놀이의 재료

시큼한 맛이 나지만 괭이밥의 어린순을 먹을 수 있어요. 데었을 때 즙을 내어 바르
면 좋고, 열매를 소화제로 쓰기도 한다고 해요. 삼촌이 어렸을 적에는 소꿉놀이할 때
괭이밥을 즐겨 썼어요. 시큼털털하긴 해도 실제로 먹을 수 있어서 서로 입에 넣어주
면서 알콩달콩 사는 신혼부부를 흉내 내곤 했어요.

닮은 친구 선괭이밥, 큰괭이밥, 애기괭이밥

괭이밥과 아주 비슷해서 헷갈리고 좋은 친구가 '선괭이밥'이에요. 바닥을 기듯이
자라는 괭이밥과 달리 곧게 서서 자란다고 해서 선괭이밥이라고 해요. 괭이밥의 잎
자루에는 턱잎이 있는데 선괭이밥의 잎자루에는 턱잎이 없어서 그 점으로도 구분해
요. 꽃은 괭이밥보다 조금 늦게 피지만 오래도록 피어요. 선괭이밥도 괭이밥처럼 열
매를 건드리면 씨가 총알처럼 톡톡 튀어 나가요. 산지의 계곡 주변에서는 '큰괭이밥'
이 자라요. 꽃이 흰색에 가깝고 잎이 매우 크게 자라나요. 열매가 괭이밥과 닮았지만,
무척 큰 편이에요.

괭이밥과 달리 곧게 서서 자라는 선괭이밥

만지면 씨가 톡톡 튀어 나가는 선괭이밥 열매

괭이밥의 잎자루의 턱잎

잎자루에 턱잎이 없는 선괭이밥

그런가 하면 '애기괭이밥'이라는 친구도 있어요. 꽃이나 잎이 그리 작지 않은데도 '애기'자가 붙었어요. 열매가 작고 귀엽거든요. 높은 산에서 자라는 친구라 보기 쉽지 않지만, 혹시 보게 된다면 열매도 꼭 찾아보세요. 큰괭이밥이나 애기괭이밥도 열매를 건드리면 씨가 톡톡 튀어 나가요.

산지의 계곡 주변에서 자라는 큰괭이밥

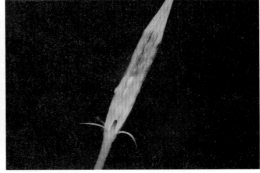

만지면 씨가 톡톡 튀어 나가는 큰괭이밥 열매

높은 산에서 자라는 애기괭이밥

만지면 씨가 톡톡 튀어 나가는 애기괭이밥 열매

그거 알아요?

괭이밥과 토끼풀의 차이

꽃이 없을 때 괭이밥의 잎을 보고 흔히 들 클로버, 즉 토끼풀로 착각하곤 해요. 그래서 행운의 네잎클로버를 찾겠다고 수선을 떨어요. 하지만 얼마 지나지 않아 주변에 세 잎짜리만 있다고 투덜거려요. 당연하죠. 괭이밥이니까요. 괭이밥은 작은잎이 하트 모양이라 가운데가 오

괭이밥과 잎이 비슷해서 헷갈리는 토끼풀

목하게 파이는데 토끼풀은 둥근 원 모양에 가까워서 가운데가 거의 파이지 않는 점이 달라요. 그 사실을 모르는 사람한테는 행운도 찾아가지 않을 거예요.

곤충의 발가락을 노려라!
박주가리 (박주가리과)

Metaplexis japonica (Thunb.) Makino
전국의 산기슭이나 들에서 자라며
7~8월에 꽃 피는 여러해살이풀

경기도 화성시 문호리의 박주가리

    박주가리는 열매가 박 쪼가리처럼 갈라진다고 해서 박조가리 또는 박쪼가리라고 하다가 변한 이름으로 추정해요. 조가리 또는 쪼가리는 쪼개진 조각을 뜻하는 말이에요. 쪼개진 박의 모습과 박주가리의 열매가 반으로 쪼개진 모습이 아주 비슷해요. 그러고 보니 덩굴져 자라는 모습도 박과 닮았어요.

    흔하기로 따지면 박주가리도 닭의장풀이나 괭이밥 못지않아요. 그런데 어떤 과정으로 꽃가루받이하는지는 그동안 잘 알려지지 않았어요. 곤충의 주둥이나 다리로 꽃가루(정확하게는 꽃가루덩어리)가 옮겨진다는 사실이 밝혀진 것은 그리 오래되지 않은 일이에요. 흔한 식물도 관심을 주지 않으면 모를 수밖에 없어요. 박주가리는 정말 기상천외한 방법으로 꽃가루받이해요.

생김새 털 많은 꽃, 하트 모양의 잎, 뿔처럼 생긴 열매

박주가리는 줄기를 길게 뻗으면서 다른 물체를 휘감고 자라요. 잎이나 줄기를 자르면 우유처럼 하얀 액이 나와요. 맛까지 우유는 아니어서 몹시 써요. 꽃은 연한 분홍색 또는 흰색이고 여러 개가 모여 달려요. 화관은 다섯 갈래로 갈라지고 안쪽에 털이 많아요. 가운데에 긴 암술대가 있고 곧

꽃받침조각은 5개
수술은 5개가 숨겨져 있음
암술머리는 구불거리고 화관 밖으로 길게 뻗음
화관은 종 모양, 5갈래로 깊게 갈라짐 안쪽에 긴 털이 많음

박주가리의 꽃 구조

게 펴지지 않은 철사처럼 약간 구불거려요. 수술은 잘 보이지 않지만 5개예요. 잎은 마주나기하고 하트 모양이며 약간 윤기가 나요. 열매는 기다란 뿔처럼 생겼고 겉에는 오톨도톨한 돌기가 있어요. 익으면 박처럼 쪼개져 벌어지면서 흰색 털이 달린 씨를 바람에 날려요.

흰색 꽃

자르면 하얀 액이 나오는 잎

기다란 뿔처럼 생긴 열매

이야기 수술을 찾아라!

박주가리의 꽃차례에는 수꽃과 양성화가 함께 피는 것으로 알려졌어요. 수꽃은 작고 양성화는 조금 커서 구분된다고 하지만 겨우 1㎜ 정도 차이라 눈으로 구분하는 것은 쉬운 일이 아니에요.

박주가리 꽃의 크기와 성별은 박주가리의 꽃가루받이와도 관련이 있어요. 정말

신기하게도 박주가리는 난초과 식물이 아닌데도 난초과 식물처럼 꽃가루덩어리를 만들어요. 대개 의 식물은 수술의 꽃밥에서 꽃가루가 나오는데 박

주가리나 난초과 식물은 꽃가루가 덩어리로 뭉쳐진 모습이에요. 박주가리의 꽃가루덩어리가 달린 수술은 꽃 속의 아래쪽 **화반**에 감춰져 있어요. 하나의 대에 두 개의 꽃가루덩어리가 양쪽으로 달리는데, 곤충의 다리만큼 가느다란 바늘 같은 것으로 걸어서 당겨보면 쏙 빠져나와요. 그 꽃가루덩어리는 박주가리의 꽃을 방문한 곤충의 다리나 주둥이에 잘 달라붙어요. 박주가리의 화관 안쪽은 긴 털이 많아서 곤충이 중심 잡고 앉기가 불편해요. 그렇다 보니 꽃 속으로 다리 하나쯤은 들이밀어야 편히 화반의 꿀을 먹을 수 있어요. 한마디로 그 불편함은 박주가리가 꽃가루받이하려고 일부러 의도한 불편함이에요. 그 상태로 다른 꽃에 가서 꽃가루덩어리를 옮기면 꽃가루받이가 돼요. 박주가리 꽃에 개미도 곧잘 오지만 개미의 몸에는 꽃가루덩어리가 잘 붙지 않는 것으로 보여요.

그런데 그 꽃가루덩어리를 어떻게 암술대 끄트머리에 넣는 걸까요? 사실 박주가리는 꽃 아래쪽에 있는 구멍으로 꽃가루덩어리가 쏙 들어가는 방식으로 꽃가루받이 해요. 다른 박주가리의 꽃가루덩어리를 묻혀 온 곤충이 실수로 그 구멍 속으로 다리나 주둥이를 빠뜨리면 꽃가루받이가 돼요. 그 구멍이 있는 꽃의 크기가 약간 크고 열매를 맺으므로 양성화로 보고, 그 구멍이 없는 꽃의 크기가 약간 작고 열매를 맺지 못하므로 수꽃으로 봐요.

이런 방식으로 꽃가루받이해서일까요? 박주가리의 꽃 한가운데에 길게 나 있는 암술대는 아무런 기능도 하지 않아요. 곧게 솟지 않고 대개 비뚤비뚤 구부러진 점으로 보아 기능을 잃고 점점 퇴화하는 모습 같아요.

박주가리는 비교적 흔하니까 꽃이 필 때 여러분도 박주가리의 꽃가루덩어리를 확인해 보세요. 그리고 어떤 곤충의 다리나 주둥이에 박주가리의 꽃가루덩어리가 붙는지도 관찰해보면 아주 재미있을 거예요.

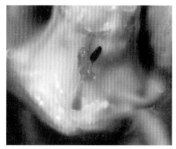

구멍과 그 위에 달린 수술

벌 주둥이에 꽃가루덩어리가 붙은 모습

박주가리의 꽃가루덩어리
(사진: 서화정 박사님)

쓰임새 도장밥 또는 바늘방석

　박주가리의 열매에서 씨에 달린 털을 모아 '인주(도장밥)'나 '바늘방석'을 만들어요. 예전처럼 도장을 많이 쓰지 않는 요즘은 도장밥이라고 부르는 인주도 많이 쓰지 않는 편이에요. 바늘방석은 바늘을 꽂아두기 위해 만든 푹신한 방석 모양의 수공예품이요. 이 역시 요즘은 많이 쓰지 않아요.

　예전에 먹을 것이 부족하던 시절에는 박주가리의 어린 열매를 따서 먹기도 했어요. 삼촌이 먹어봤는데 배추꼬랑이 맛이 나요. 박주가리는 기본적으로 독성을 가진 식물이니까 많이 먹는 것은 좋지 않아요.

벌어진 박주가리 열매 속의 털 달린 씨

먹기도 하지만 독이 있는 박주가리의 어린 열매

닮은 친구   **왜박주가리**

박주가리와 닮은 친구는 아주 많아요. 그중 '왜박주가리'는 꽃도 잎도 작아서 '왜' 자를 붙여서 이름 부르는 친구예요. 꽃이 흑자색이라 다르지만, 모양은 비슷해서 박주가리와 비슷한 방식으로 꽃가루받이하는 것으로 보여요.

잎도 꽃도 매우 작은 왜박주가리

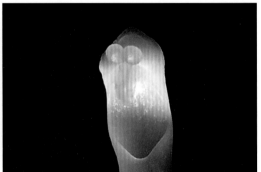

난초과 식물 나도풍란의 꽃가루덩어리(사진: 서화정 박사님)

그거 알아요?

난초과 식물의 꽃가루덩어리

난초과 식물은 대개 꽃가루가 덩어리로 달려요. 곤충을 이용해 덩어리째 옮겨야 하다 보니 성공률이 높지 않지만 일단 성공하기만 하면 엄청난 양의 씨를 만들 수 있어요. 박주가리는 난초과 식물보다 꽃가루받이 성공률이 높아 보여요. 흔한 데에는 다 그만한 이유가 있어요.

국민소설에 나오지만, 냄새는 어떡하죠?

마타리 (마타리과)

Patrinia scabiosifolia Fisch. ex Trevir.
전국 산과 들의 볕이 잘 드는 곳에서 자라며
7~10월에 꽃 피는 여러해살이풀

경기도 포천시 국립수목원의 마타리

마타리는 '맛탈' 또는 '맛타리'가 변한 이름으로 추정해요. 그런데 '맛'이나 '타리'의 뜻에 대해서는 여러 추측을 하지만 맞다 싶은 것은 없어 보여요. 옛날에는 어떻게 쓰고 읽었을지 모르는 말이라서 그런 것 같아요. 어린잎을 먹었다고 하면서 금강산 지역에서 쓰던 지역 이름이라는 기록이 있다고는 해요.

이렇게 옛날에는 비슷하게 생긴 식물에 대한 기록이 애매해서 정확하게 알기 어려운 경우가 많아요. 그래서 미역취라고 하는 식물과 혼동이 있었을 것으로 여기기도 해요. 그렇게 정확히 알기 어려운 경우에 무리하게 풀이하거나 섣불리 추측하면 억지가 될 수 있어요. 마타리는 그냥 마타리겠거니 하는 것이 좋이 낫지, 맞다 틀리다 하다 보면 탈이 나요, 탈이!

생김새 큰 키, 노란 꽃, 깊 모양으로 갈라지는 잎

마타리는 키가 1.5m 내외로 크고 곧게 자라며 위쪽에서 가지가 많아 갈라져요. 꽃은 줄기와 가지 끝에 노란색으로 피어요. 화관은 통 모양이고 노란색이며 5갈래로 갈라져요. 수술은 4개이고 암술은 1개예요. 보통은 화관이 5갈래로 갈라지면 수술도 5개이기 마련인데, 마타리는 그렇지 않고

마타리의 꽃 구조

수술이 4개만 달려요. 잎은 마주나기해요. 줄기 쪽의 잎은 깃 모양으로 깊게 갈라지고 뿌리 쪽의 잎은 거의 갈라지지 않아요. 열매는 타원 모양이고 날개가 달리지 않는다고 하지만 약간 생기는 편이에요. 비슷한 종류에서 보이는 넓고 긴 날개는 아니지만, 분명히 있긴 있어요. 땅속에 굵은 뿌리줄기가 옆으로 뻗어요. 전체에서 심한 악취가 나는 편이에요.

양산처럼 생긴 꽃차례

깃 모양으로 깊게 갈라지는 잎

좁은 날개가 살짝 달리는 열매

이야기 국민소설 『소나기』에 나오는 양산

마타리는 황순원 소설가가 1952년에 창작해 1953년에 발표한 소설 『소나기』에 등장하는 식물이에요. 교과서에 오랫동안 실릴 정도로 온 국민의 사랑을 받았기에 국민소설로 불리는 『소나기』는 사춘기 시골 소년과 도시 소녀의 순수한 첫사랑을

그린 작품이에요. 일종의 **성장소설**로 보기도 해요.

개울의 징검다리에서 처음 만났던 소년과 소녀는

며칠 만에 다시 만났을 때 산에 가보자고 해서 산 너

머로 놀러 가요. 그때 소녀가 "도라지꽃이 이렇게 예쁜 줄은 몰랐네. 난 보랏빛이 좋아…… 그런데 이 양산같이 생긴 노란 꽃이 뭐지?" 하고 소년에게 물어봐요. 소녀는 얼굴에 살포시 보조개를 떠올리며 마타리 꽃을 양산 받듯이 해 보이고, 다시 소년은 꽃 한 옴큼을 꺾어 와서 싱싱한 꽃가지만 골라 소녀에게 건네요. 그런데 그 소녀는 정말로 건강이 좋지 못했나 봐요. 마타리에는 좋지 못한 냄새가 나는데 그 냄새를 맡지 못했는지 이야기하지 않거든요. 발 고린내 같기도 하고 화장실 냄새 같기도 한데 말이에요. 마타리의 아름다운 노란 꽃에서 그런 냄새가 난다는 사실을 황순원 선생님은 알고 계셨을까요?

쓰임새 패장이라는 이름의 약초, 가얌취, 꽃을 보는 식물

마타리에서는 전체적으로 좋지 않은 냄새가 나요. 중국에서는 '패장(敗醬)'이라는 이름의 약재로 쓰는데, 땅속줄기에서 오래 묵어 쉰 듯한 장 냄새가 난다는 뜻이라고 해요.

봄에 돋는 마타리의 어린 순을 '가얌취'라고 해서 나물로 먹기도 해요.

마타리의 뿌리

마타리의 꽃에 날아든 왕청벌

요즘은 가느다란 노란색 줄기와 양산 모양의 꽃차례가 예뻐 화단이나 정원에 대규모로 심어요. 청록색 금속 물질 갑옷을 입은 것 같은 왕청벌이 날아들면 마타리의 노란색과 대비되어 그렇게 예쁠 수가 없어요. 왕청벌은 몸 색이 특이하고 광택이 있어서 작은 곤충 로봇을 보는 느낌이 들어요.

닮은 친구 돌마타리, 금마타리

마타리와 비슷하지만, 키가 작고 바위틈에서 자라며 꽃차례가 넓지 않은 친구를 '돌마타리'라고 해요. 사는 곳부터 달라서 돌마타리는 바위틈을 좋아하고, 높은 산에서도 잘 자라요. 양산에 비유되는 마타리처럼 꽃차례가 크지는 않지만, 구린내만큼은 최고여서 어떨 때는 근처만 가도 지독한 냄새가 풍겨와요.

돌마타리처럼 높은 산의 바위틈에서 자라지만 키가 더 작고 꽃이 5월 말부터 일찍 피는 친구는 '금마타리'예요. 꽃의 색이 좀 더 짙은 노란색이어서 이름에 '금' 자가 붙었지만, 눈에 띄게 차이가 나는 것은 아니에요. 마타리나 돌마타리와 달리 뿌리 쪽의 잎이 둥근 원형에 가까워요. 금마타리 역시 냄새가 지독하고 높은 산에서 자라지만 이래 봬도 한국특산식물이라는 신분이에요.

키가 작고 꽃차례도 작은 돌마타리

뿌리 쪽의 잎이 둥근 원형인 금마타리

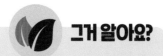

왜 나쁜 냄새를 풍길까?

좋은 냄새를 풍겨서 곤충을 유인하면 좋으련만 마타리처럼 이상한 향기를 내는 식물
이 제법 있어요. 사람의 코에는 이상할지 몰라도 곤충의 코에는 그렇지 않아요. 그 냄
새에 이끌려 마타리를 찾는 곤충이 많고 셀 수 없이 다양해요. 그러니 마타리는 다양
한 곤충이 좋아하는 향기를 찾아낸 것일 수 있어요. 아니면 꽃 속의 꿀에서 매우 좋은
향기가 나서 그런지도 몰라요.

검정수염기생파리　　　벌붙이파리 종류　　　어리호박벌　　　어리줄배벌

나나니 종류　　　빗니수염잎벌　　　큰줄흰나비　　　대모벌 종류

들에 피는 연보라색 국화
쑥부쟁이 (국화과)

Aster yomena (Kitam.) Honda
전국 산과 들의 습기 있는 곳에서 자라며
8~10월에 꽃 피는 여러해살이풀

충북 보은군 속리산면의 쑥부쟁이

    쇠를 만드는 대장장이는 불을 다루기 때문에 불장이 또는 불쟁이라고 해요. 쑥부쟁이라는 이름은 쑥을 캐러 다니는 대장장이의 딸을 '쑥+불쟁이'라고 불렀던 이야기에서 유래한다고 해요. '쑥+불쟁이'에서 '불'의 'ㄹ' 발음이 사라져서 쑥부쟁이가 되었어요. 우리 말에는 그렇게 'ㄹ' 발음이 사라지는 말들이 많아요. '물+지개'에서 무지개, '불+나방'에서 부나방, '불+삽'에서 부삽이 된 것도 모두 'ㄹ' 발음이 사라지면서 생겨난 말이에요.

    쑥부쟁이의 이름 유래가 된 전설은 좀 슬퍼요. 모든 사랑이 다 이루어질 수 없다는 것을 알면서도 누군가를 좋아하는 사람은 끝까지 그 좋아하는 사람을 위해 마음을 써요. 그것이 곧 사랑이니까요.

생김새 방사대칭의 머리모양꽃차례, 혀모양꽃과 관모양꽃

줄기는 곧게 서서 자라는 편이고 위쪽에서 가지가 갈라져요. 줄기와 가지 끝에 머리모양꽃차례가 1개씩 달리는데, 머리모양꽃차례의 지름은 2.5㎝ 내외예요. 방사대칭이라 어느 방향에서든 곤충의 접근이 가능해요. 꽃차례 가장자리의 꽃은 혀모양꽃이고 연한 보라색이에요. 꽃차례 가운데의 꽃은

머리모양꽃차례는 지름이 **2.5**㎝ 내외
가운데는 관모양꽃
가장자리는 혀모양꽃
쑥부쟁이의 꽃 구조

관모양꽃이고 노란색이에요. 관모양꽃은 수술이 먼저 자라고 나중에 수술 사이에서 암술이 자라는 방법으로 제꽃가루받이가 되는 것을 피해요. 꽃차례의 아래쪽을 감싸는 총포는 3줄로 붙어요. 잎은 어긋나기하고 가장자리에 거친 톱니가 있어요. 열매에는 짧은 털이 있어요.

3줄로 붙는 총포

거친 톱니가 있는 잎

짧은 털이 달리는 열매

이야기 쑥을 캐러 다니던, 불쟁이 딸의 슬픈 전설

쑥부쟁이에 얽힌 전설은 다음과 같아요.

옛날 어느 마을에 대장장이(불쟁이)의 큰딸이 살았어요. 마음씨 착한 큰딸은 병든 어머니와 굶주린 동생들을 위해 쑥을 캐러 다녔기에 마을 사람들은 그녀를 쑥부쟁이라고 불렀어요.

어느 날, 쑥을 캐러 간 쑥부쟁이는 상처를 입고 쫓기는 노루를 구해주었어요. 그러고는 함정에 빠진 사냥꾼 청년을 구해주기도 했어요. 그것이 인연이 되어 쑥부쟁이는 사냥꾼 청년과 결혼까지 약속했어요. 하지만 이듬해 가을에 돌아오겠다고 한 청년은 나타나지 않았어요.

그리움에 지쳐가던 쑥부쟁이는 안타까운 마음에 산신령께 치성을 드렸어요. 그러자 자신이 목숨을 구해주었던 노루가 나타나 보랏빛 주머니에 담긴 노란 구슬 세 개를 주며 이렇게 말했어요.

"구슬을 입에 물고 소원을 한 가지씩 말하면 다 이루어질 거예요."

쑥부쟁이는 노루가 시키는 대로 구슬을 입에 물고 첫 번째 소원을 말했어요.

"어머니의 병을 낮게 해주세요."

그러자 어머니의 병이 씻은 듯이 다 나았어요.

곧바로 쑥부쟁이는 구슬 하나를 다시 입에 물고 두 번째 소원을 말했어요.

"사냥꾼 청년이 나타나게 해주세요."

그러자 청년이 눈앞에 나타났어요. 하지만 그는 이미 결혼하여 가족이 있었어요.

하는 수 없이 쑥부쟁이는 마지막 구슬을 입에 물고 세 번째 소원을 말했어요.

"청년이 가족에게 돌아갈 수 있게 해주세요."

그러자 청년은 다시 가족에게로 돌아갔어요.

이렇게 해서 세 가지 소원을 모두 다 써버린 쑥부쟁이는 끝내 청년을 잊지 못하다가 절벽에서 그만 발을 헛디뎌 죽고 말았어요. 쑥부쟁이가 떨어져 죽은 그 자리에서 어떤 나물이 자라나 아름다운 보랏빛 꽃을 피웠어요. 쑥부쟁이는 죽어서도 배고픈 동생들을 위해 나물로 다시 태어났다며 사람들은 그 꽃을 쑥부쟁이라고 불렀어요.

쑥부쟁이가 떨어진 자리에 피어난 꽃

그렇다면 쑥부쟁이는 과연 그 청년을 잊은 걸까요? 아마 아닐 거예요. 해마다 쑥부쟁이는 그 청년이 돌아온다고 약속한 가을이 되면 아름다운 보랏빛 꽃으로 들녘을 수놓으니까요.

쓰임새 나물로 먹거나 약재로 쓰기보다 꽃을 보는 식물

어린순은 나물로 먹고, 감기와 기관지염 치료에 약재로 쓰기도 하지만 쑥부쟁이는 꽃을 보기에 좋은 친구예요.

닮은 친구 개쑥부쟁이, 까실쑥부쟁이

우리가 흔히 들국화라고 부르는 식물은 딱히 정해진 것이 아니에요. 산과 들에 피어는 꽃 중에 국화를 닮았으면 그 모두를 그냥 들국화라는 하나의 이름으로 편히 불러요. 쑥부쟁이도 그중 하나이고, 그 외의 비슷한 친구들도 모두 들국화라고 불러요.

우리가 흔히 마주치게 되는 들국화 친구는 쑥부쟁이보다 '개쑥부쟁이'인 경우가 많아요. 잎 가장자리에 굵직한 톱니가 있는 쑥부쟁이와 달리 개쑥부쟁이는 무딘 톱니가 있거나 거의 없어요. 또 쑥부쟁이는 열매에 짧은 털이 있는데 개쑥부쟁이는 긴 털이 있는 점이 달라요. 꽃차례를 싸는 총포가 가느다란 점도 쑥부쟁이와 달라요. 쑥부쟁이는 들에서 자라는 것을 좋아하지만 개쑥부쟁이는 높은 산에서도 잘 자라는 편이어서 비슷하면서도 매우 달라요.

개쑥부쟁이

톱니가 거의 없는 개쑥부쟁이의 잎

긴 털이 달리는 개쑥부쟁이의 열매

'까실쑥부쟁이'라는 친구는 대개 산에서 자라요. 이 친구는 잎이 좀 더 크고 거친 편이다 보니 만져보면 아주 까슬까슬한 느낌이 들어서 그런 이름이 붙었어요. 꽃의 크기는 쑥부쟁이나 개쑥부쟁이와 비교해 훨씬 작아요.

꽃이 작고 잎이 까슬까슬한 까실쑥부쟁이

신화와 전설과 민담의 차이

한 민족 사이에서 입으로 전달되어 오는 이야기를 '설화(說話)'라고 해요. 설화는 크게 신화, 전설, 민담으로 나눌 수 있어요. '신화'는 신 또는 신적인 존재에 관한 이야기로, 증거로 삼을 만한 것이 없는 비현실적인 이야기에요. 단군신화 같은 건국 신화가 이에 해당해요. 전설은 주로 인간이나 동물이 등장해서 펼치는 이야기로, 증거로 삼을 만한 것이 있는 이야기에요. 쑥부쟁이 전설이나 치악산 상원사 전설이 이에 해당해요. '민담'은 주로 동물(또는 인간을 닮은 동물) 등이 등장해서 펼치는 이야기로, 증거로 삼을 만한 것이 없는 흥미 위주의 이야기에요. 콩쥐팥쥐 이야기가 이에 해당해요.

억새에 얹혀사는 담뱃대

야고 (열당과)

Aeginetia indica L.
제주, 전남과 경남 섬 지역의 억새밭에서 자라며
8~10월에 꽃 피는 한해살이풀

경기도 포천시 국립수목원의 야고

야구가 아니라 야고라고 해요. 처음에 야고라는 이름을 접하면 너무 낯설어서 식물 이름이라는 생각을 전혀 하지 못해요. 순우리말 이름은 아니고 '야고(野菰)'라는 한자 이름이에요.

말이 식물이지 식물 같지 않은 야고의 모습을 처음 보면 식물이라는 생각이 들지 않아요. 몸에 녹색이 하나도 없고, 잎도 안 보이고, 대꼬챙이 같은 것이 쑥 올라온 모습은 식물보다 버섯에 가깝다는 느낌이 들어요.

담뱃대와 비슷하게 생겨서 '담뱃대더부살이'라고도 해요. 더부살이는 더불어 산다 또는 얹혀산다는 뜻으로, 기생식물을 뜻해요. 스스로 광합성을 하지 못하므로 억새의 뿌리에 기생하면서 양분을 얻어먹으며 살아가요.

분홍 담뱃대

야고는 줄기가 매우 짧아서 땅 위에 거의 나오지 않아요. 몸에 엽록소가 없어서 전체가 갈색을 띠어요. 꽃은 연한 분홍색이고 기다란 꽃줄기 끝에 1개씩 옆을 향해 피어요. 언뜻 말의 머리 같기도 해요. 꽃받침은 배 모양이고 한쪽이 갈라지면서 화관이 나와요. 화관은 통 모양이고 끝이 5갈래

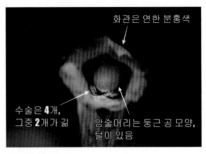

야고의 꽃 구조

화관은 연한 분홍색

수술은 **4개**, 그중 **2개**가 깊

암술머리는 둥근 공 모양, 털이 있음

로 얕게 갈라져요. 수술은 4개이고 그중 2개가 길어요. 암술머리는 둥근 공 모양이고 털이 있어요. 잎은 없고 적갈색 비늘조각 같은 것이 몇 개가 어긋나기로 붙어 있는 것이 다예요. 열매는 달걀 모양이고 안에 적갈색 씨가 많이 들어 있어요. 억새의 뿌리에 기생하는 한해살이풀이지만 매년 같은 자리에서 계속 솟아나요.

꽃받침과 화관

땅속의 뿌리

달걀 모양의 열매

기생식물, 서울에서 살게 된 야고

야고는 **엽록소**가 없어서 몸에서 녹색을 볼 수 없어요. 줄기나 잎 어느 곳에도 녹색을 띠는 부분이 없으므로 광합성을 하지 못하는 것은 물론이고, 결과물인 탄수화물도 만들지 못해요. 스스로 영양분을 만들며 살아갈 수 없으므로 억새의 뿌리에 얹혀 살면서 양분을 취하는 **기생식물**이에요.

서울시 마포구 상암동의 하늘공원에도 야고가 자라요. 그래서 서울로 야고 보러 가자고 하면 대개 그 앞 난지한강공원야구장에서 하는 야구를 보러 가자고 하는 줄 알아요. 제주도와 전남의 몇몇

장소에서만 자라는 야고가 어떻게 서울에서 살게 되었을까요? 실은 하늘공원을 만들면서 제주도의 억새를 가져다 심었는데, 거기서 야고의 씨가 묻어와 서울에서도 야고가 자라기 시작했다고 해요. 야고도 뜻하지 않은 서울살이가 싫지는 않은지 계속 잘 자라요. 9월쯤이면 그 신기한 모습의 식물을 사진으로 담으려고 많은 사람이 찾아가요. 제주도까지 가지 않아도 쉽게 볼 수 있어 좋아요. 야고에 대해 잘 모르는 분들은 야고의 꽃을 보고 억새의 꽃이라고 착각하기도 해요.

제주도 자생지의 야고는 그리 크지 않은데, 서울시 하늘공원의 야고는 아주 크고 똑바로 잘 자라요. 서울시의 하늘공원뿐 아니라 경기도 오산시의 물향기수목원이나 경기도 포천시의 국립수목원 등지로 옮겨진 야고도 잘 자라고 매년 나와요. 그런 걸 보면 야고는 제주도처럼 따뜻한 날씨를 좋아해서가 아니라 양분을 얻을 수 있는 억새만 있으면 별다른 문제 없이 잘 자라는 것 같아요.

서울시 하늘공원의 억새

서울시 하늘공원에서 자라는 야고

야고라는 이름의 약재

전체를 여러 병을 치료하는 약재로 써요. 최근에는 야고(野菰) 특유의 아름다움을 높게 쳐주어 여러 곳에 일부러 심기도 해요.

닮은 친구 **초종용, 백양더부살이**

야고처럼 다른 식물에 기생해서 사는 친구로 '초종용'이 있어요. 초종용도 엽록소가 없어서 몸에 녹색이 하나도 없어요. 특이하게도 초종용은 바닷가의 사철쑥에 기생해서 자라요. 지금은 귀해져서 보기 어렵지만, 전에 한 번 땅을 파보았더니 근처의 사철쑥과 뿌리가 연결된 것이 보였어요. 한해살이풀인 야고와 달리 초종용은 여러해살이풀이에요.

초종용과 비슷한 친구로 '백양더부살이'가 있어요. 사철쑥에만 기생하는 초종용과 비교해 백양더부살이는 아무 쑥 종류에나 기생하는 점이 달라요. 1928년에 백양사 부근에서 채집되어 붙여진 이름의 식물인데 처음 발견한 일본 학자가 발표하지 못한 것을 70년 넘게 발견하지 못했어요. 그러다가 전북 정읍시 내장산 쪽에서 발견되기 시작해 알려졌고 그 후 여러 곳에서 발견되고 있어요. 초종용보다 훨씬 더 귀해서 멸종위기 II 급식물로 지정해서 보호해요.

기생식물인 초종용

초종용이 사철쑥의 뿌리에 붙은 모습

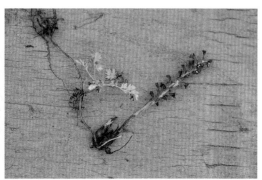

멸종위기 II 급식물인 백양더부살이

백양더부살이가 쑥 종류의 뿌리에 붙은 모습

그거 알아요?

기생식물과 부생식물의 차이

위에서 말한 대로 다른 식물에 얹혀 살면서 양분을 얻는 식물을 '기생식물'이라고 해요. 엽록소가 없어서 몸에 초록색이 전혀 보이지 않고 대개 흰색이나 갈색을 띠어요. 이 기생식물처럼 몸에 엽록소가 없는 친구들이 또 있어요. '부생식물'이 그러해요. 부생식물은 다른 동식물이

부생식물인 나도수정초도 몸에 초록색이 없다

썩는 과정에서 나오는 물질을 분해해서 양분을 얻는 식물이라 버섯하고 비슷해 보여요. 하지만 엄연한 식물이고 버섯은 균류라서 달라요. 대표적인 부생식물이 '나도수정초'예요. 흰빛을 띠는 몸이 꼭 유령 같아요.

아아, 으악새 슬피 우니 왜가리인가요?

억새 (벼과)

Miscanthus sinensis var. *purpurascens* (Andersson) Matsum.
전국의 산과 들에서 자라며
9~10월에 꽃 피는 여러해살이풀

제주도 서귀포시 좌봄이오름의 억새

억새의 옛 이름은 '어웍새'라고 해요. '어웍'은 억새의 사투리인데 뜻이 정확하게 알려진 것은 없어요. '새'는 풀을 뜻하는 말이고요. 옛 자료에는 억새를 '파왕근초(罷王根草)'라고 적었다는데, 왕을 물리칠 정도로 왕성하게 자라는 뿌리를 가진 풀이라는 뜻 같아요. 하긴, 한번 심은 억새가 번지기 시작하면 왕도 막기 어려워요.

잎이 억세고 가장자리가 날카로워서 억새라고 한다는 이야기는 나중에 만들어진 것으로 보여요. 어렸을 적에 들에서 좀 놀아본 삼촌 같은 사람들은 억새의 잎에 한 번쯤 손을 베어본 적이 있을 거예요. 지금은 억새를 일부러 많이 심어서 가을에 축제를 열기도 해요.

생김새 바람이 맺어주는 꽃, 날카로운 잎, 까락이 있는 열매

억새는 키가 1~2m에 이르는 친구예요. 땅속의 뿌리줄기가 굵고 옆으로 뻗으며 자라요. 여러 개의 자잘한 꽃이 촘촘히 모인 이삭 모양의 꽃차례가 줄기 끝에 달리고 길이는 20~30cm예요. 꽃차례가 달리는 가지는 10~25개 정도이고 전체적으로 우산살을 펼친 모양이 돼요. 꽃에는 몇 개의 수술과 1개의 암술이 있지만, 꽃잎은 없어서 화려해 보이지 않아요. 꽃잎이 없어도 되는 이유는 곤충을 유인할 필요가 없어서예요. 억새는 곤충 대신 바

• 까락: 벼과 식물의 꽃이나 열매 끝에 달리는 뻣뻣한 털 같은 돌기 = 까끄라기

억새의 꽃 구조

람에 의지해 꽃가루받이하거든요. 곤충한테 잘 보일 필요가 없으니 화려하게 꾸미지 않아도 돼요. 잎은 기다란 선 모양이고 폭이 1~2cm이며 밑부분이 줄기를 완전히 둘러싸요. 잎맥이 뚜렷하고 가장자리에 딱딱한 잔 톱니가 있어서 날카로워요. 잘못 만지면 손을 벨 수 있으니 조심해야 해요. 앞면은 짙은 녹색이에요. 열매는 다발로 된 털이 있고 씨껍질에 싸이며 0.8~1.5cm의 긴 **까락**이 달려요.

이삭 모양의 꽃차례

날카로운 톱니가 있는 잎

까락이 있는 열매

이야기 으악새가 누구니?

"아아~ 으악새 슬피 우니~ 가을인가요~"

이렇게 시작하는 유명한 옛노래가 있어요. 1936년에 발표된 고복수 선생님의 '짝사랑'이라는 노래로, 떠나간 사랑을 그리워하며 한숨짓는 노래지만 지금도 많이 들릴 정도로 가을 정서를 대표하는 명곡이에요.

그런데 이 노래에 나오는 '으악새'가 억새라는 이야기가 있었어요. 억새의 거칠거칠한 잎이 가을바람에 서로 부딪혀 나는 소리를 슬피 운다고 표현한 것이라면서요. 하지만 이 노래에 나오는 식물이 아니라 으악새라는 진짜 새예요. 으악새는 "와악!" 하는 소리를 내며 날아가기 때문에 남부지방에서 왁새, 웍새, 으악새 등으로 불리는 왜가리예요. 실은 '아아~ 뜸북새 슬피 우니~ 가을인가요~' 하는 2절에 힌트가 있어요. 2절에서 뜸북새를 읊었으니 거꾸로 1절의 으악새도 억새보다 왜가리를 뜻하는 말이라는 사실을 짐작할 수 있어요.

실제로 왜가리가 그런 소리를 내며 날아가는지 관심을 두고 살펴본 적이 있어요. 사람이 다가가는 소리에 놀란 왜가리가 정말로 "와악!" 하는 소리를 내며 날아가서 신기하고 재미있었어요.

"와악!"하는 소리를 내고 날아가는 왜가리

들녘의 억새

쓰임새 뿌리는 약용, 줄기와 잎은 지붕을 만든다, 축제의 소재

억새를 뿌리는 약으로 쓰고 줄기와 잎은 가축의 사료로 쓰거나 초가지붕을 잇는 재료로 써요. 지금은 초가지붕이 거의 없어서 억새의 쓰임새가 줄었어요. 그 대신 들이나 공원에 많이 심어 축제의 소재로 이용하기도 해요. 경기도 포천시 명성산, 강원도 정선군 민둥산, 경상남도 합천군 황매산, 울산광역시 울주군 간월재 등지가 억새 군락으로 유명해요.

울산광역시 울주군 간월재의 억새밭

닮은 친구 물억새

억새와 가장 많이 닮은 친구가 '물억새'예요. 습지에서 자라는 물억새는 땅속의 뿌리줄기가 길고 줄기가 1대씩 나며 잎이 조금 부드러운 점이 달라요. 열매에 까락이 없거나 매우 짧은 점도 달라요. 멀리서 보면 흰색을 띠는 점으로도 구분할 수 있어요.

멀리서 보면 흰빛을 띠는 물억새

왜가리도 백로라고요!

왜가리는 몸에 회색이 많아 백로와는 거리가 먼 새로 보여요. 그런데 실은 왜가리도 백로과의 새랍니다. 우리나라에서 보는 백로과 새 중에서 왜가리가 가장 크다고 해요. 머리 뒤로 댕기깃이 있어서 알아보기 쉬워요. 왜가리는 우리나라에서 번식하는 여름철새지만 겨울에 월동

백로과에 속하는 왜가리

하러 찾아오는 개체도 많아져서 겨울철새로 보기도 해요. 보통 4~5월에 번식하는 것으로 알려졌으나, 삼촌은 2월 중순부터 번식하는 왜가리 부부를 보기도 했답니다. 이렇게 새들의 생활방식이나 번식 시기가 이전과 달라지는 것도 기후변화와 관련이 있으니 잘 살펴볼 필요가 있어요.

골치 아픈 외래식물

가시박 (박과)

Sicyos angulatus L.
전국의 산기슭이나 들에서 자라며
6~9월에 꽃 피는 한해살이풀

강원도 정선군 정선읍의 가시박

　원래 우리나라에 있지 않던 식물인데 외국에서 들어와 자라는 식물을 외래식물이라고 해요. 그런 식물은 대개 원래 살고 있던 식물과의 경쟁에서 밀려 사라지는데, 그렇지 않고 살아남아 큰 무리로 번지면서 원래 살고 있던 식물을 밀어내거나 인간의 삶에 해를 끼치기도 해요. 그런 식물 중 하나가 바로 가시박이에요.

　북아메리카에서 건너온 가시박은 주로 하천 주변에서 살아가면서 씨를 퍼뜨려요. 그런데 그 양이 엄청나게 많아서 한번 번지기 시작하면 막기 어려워요. 좀처럼 막아낼 수 없는 그런 식물은 우리의 생활환경에 좋지 않은 영향을 끼쳐요. 나라 간에 왕래가 잦아진 요즘에는 그 양상이 정말 심각해요. 가시박이 어떤 식물이고 얼마나 문제인지 이번에 잘 알아두기로 해요.

생김새 호박잎 같은 잎, 긴 가시 달린 열매

가시박은 정말 징그러운 덩굴이에요. 3~4갈래로 갈라진 **덩굴손**이 다른 물체를 휘감으며 자라요. 뿌리에서 3~5개의 줄기가 나오는데 길이가 4~8m나 되고 털이 빽빽하게 나 있어요. 꽃은 암꽃과 수꽃이 같은 포기에서 피어요. 암꽃은 연한 녹색이고 잎겨드랑이에서 나와 머리 모양으로 둥글게 모여 달려요. 수꽃은 황백색이고 잎겨드랑이에서 나온 긴 꽃대 끝에 모여 달려요. 잎은 어긋나기하고 넓적하며 5~7갈래로 얕게 갈라져요. 열매는

• 덩굴손: 다른 물체를 휘감거나 몸을 지탱하려고 실처럼 가늘게 변형된 조직

가시박의 꽃 구조(암꽃)

3~10개 정도가 둥글게 모여 달리고 기다란 흰 가시가 빽빽하게 덮여요. 가시는 매우 가늘어서 손에 박히면 빼기 어려운 데다 따갑고 가려우니 되도록 만지지 않는 것이 좋아요.

황백색의 수꽃

5~7갈래로 얕게 갈라지는 잎

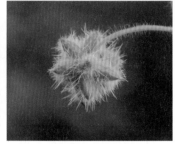

긴 가시가 빽빽하게 덮인 열매

이야기 퇴치하기 어려운 식물, 아니 괴물

가시박은 주로 하천을 따라서 번져요. 가시박이 한번 침입하면 금세 번지고 제거하기 어렵게 되다 보니 머뭇거리다 보면 어느덧 많은 공간을 차지한 것을 볼 수 있

어요. 그래서 처음 보일 때 제거해야 번지는 것을 막을 수 있으므로 되도록 빨리 없애는 것이 좋아요. 하지만 워낙 덩굴이 길고 전체에 가느다란 털이 많아 찔리는 일이 잦다 보니 제거 작업이 쉽지 않아요.

일전에 삼촌이 근무하는 곳의 하천에도 가시박이 나타났는데, 금세 열매를 주렁주렁 달고 있어서 제거 작업을 서둘러야 했어요. 제거하는 데 정말 많은 시간이 걸렸고, 결국 끝내고 나서 보니 그 많은 양이 단 한 포기였다는 사실에 깜짝 놀랐어요. 마치 공포영화에 나오는 괴물을 보는 것 같았어요. 이 한 포기가 만들어내는 엄청난 양의 씨를 생각하면 전부 다 퇴치하지 못하더라도 퇴치하려는 노력은 꼭 필요하겠구나, 하는 생각이 들었어요.

하천을 따라 번지는 모습

한 포기의 가시박을 제거한 어마어마한 분량

쓰임새 곤충들의 양식

가시박 같은 식물은 사람의 기준에서 보면 어디에도 쓸모가 없는 해로운 식물이에요. 하지만 생태계의 관점에서 보면 누군가에게 가시박이 필요할 수 있어요. 가시박의 꽃에 등검은말벌 같은 곤충이 와서 열심히 꿀을 먹는 모습을 보면 그런 생각이 들어요. 물론, 가시박의 꽃이 아니더라도 등검은말벌이 먹을 만한 꿀을 가진 식물은 많을 거예요. 그래도 꿀이나 꽃가루를 얻는 대가로 꽃가루받이를 해주는 관계인 것은 분명해요. 실은 등검은말벌도 외국에서 들어온 곤충이에요. 둘 다 우리에게 꼭 필요한 동물과 식물은 아니지만, 함께 살게 된 이상 생태계 구성원으로서 자기만의 위치가 생겨요.

등검은말벌뿐 아니라 장수말벌, 기생파리류, 개미류도 와서 가시박의 꽃에서 꿀과 꽃가루를 먹으며 꽃가루받이를 도와줘요.

등검은말벌

기생파리류　　　　개미류

닮은 친구　돼지풀, 단풍잎돼지풀

전에는 '돼지풀'이 극성이었어요. 가시박처럼 돼지풀도 북아메리카에서 들어왔는데 돼지의 사료 정도로 쓰던 식물이었나 봐요. 그 돼지풀이 너무 번져서 어떻게 퇴치하면 좋은지 걱정이 많았어요.

그런데 잎이 단풍잎처럼 갈라진 단풍잎돼지풀이 나타나더니 어느 순간부터 강 주변을 따라 번지기 시작했어요. '단풍잎돼지풀'은 키가 사람보다 커서 나무로 착각할 정도예요. 덩치가 큰 만큼 꽃이나 열매를 많이 맺어서 걱정의 목소리가 높았는데, 결국 전국에 퍼져 자라게 되었어요. 그런데 그 덕에 돼지풀이 많이 사라졌어요. 돼지풀과의 싸움에서 단풍잎돼지풀이 이기면서 생긴 현상이에요. 남의 나라 땅을 와서 서로 싸우는 격이라고나 할까요? 결코 좋은 현상은 아니에요. 단풍잎돼지풀이 너무 번져서 이제는 막을 수 없게 되었으니까요.

단풍잎돼지풀에 밀려나는 돼지풀

돼지풀을 밀어내고 전국에 퍼진 단풍잎돼지풀

그거 알아요?

침입외래식물

외국에서 들어와 자라게 된 식물을 외래식물이라

고 해요. 그중 침입자처럼 들어와 급속도로 번지

면서 생태계를 교란하고 인간의 삶에 피해를 주기

• 침입외래식물: 국내에 없었는데 유입
되어 생태계를 교란하며 자라는 식물

도 하는 식물을 '침입외래식물'이라고 해요. 그런 식물이 한번 들어와 자리를 잡게 되

면 막기가 어려워요. 우리가 환경을 함부로 생각해서 무분별한 개발, 산림 훼손, 산불

이나 산사태 같은 일이 벌어지면 그런 장소는 침입외래식물이 들어와 자라기 좋은 조

건이 돼요. 물가의 수생식물도 그러해서 외래식물이 많이 번지는 곳이 점점 늘고 있어

요. 우리가 환경에 대해 경각심을 가져야 할 때예요.

오래된 기와지붕은 내가 지킨다!

바위솔 (돌나물과)

Orostachys japonica (Maxim.) A. Berger
전국의 바위나 모래땅 또는 기와지붕 위에서 자라며
9~10월에 꽃 피는 여러해살이풀

경기도 남양주시 수종사의 바위솔

바위틈에서 자라고 솔방울처럼 생겼다고 해서 바위솔이라고 해요. 바닷가의 돌 틈이나 모래땅 위에서도 잘 자라요. 오래된 기와지붕도 좋아해서 칸칸이 자라는 모습을 보면 지붕을 지키는 사람 같아요. 등대를 지키는 사람을 등대지기라고 하듯이 기와지붕을 지키는 바위솔을 지붕지기라고 부르기도 해요. 한문으로는 기와위의 솔방울이라는 뜻에서 '와송(瓦松)'이라고 해요. 어른

솔방울

들은 바위솔이라고 하면 잘 모르겠다고 하는데, 와송이라고 하면 안다고들 해요. 다른 식물이 잘 살지 않는 곳에서 사는 식물이 대개 그렇듯 바위솔도 그 나름의 방법으로 살아가요.

생김새 작은 선인장, 방석에서 촛대로

바위솔은 작은 선인장 같은 느낌이 들어요. 처음에는 껌딱지처럼 바닥에 딱 달라붙어 잎만 내놓고 있어서 식물이 맞나 싶기도 해요. 이때에는 방석 모양으로 둥글게 퍼져 자라서 정말 솔방울 같아요. 그러다 꽃을 피워야겠다 싶으면 꽃줄기를 조금씩 밀어 올리기 시작해요. 꽃줄기가 점점 길

바위솔의 꽃 구조

어지면서 꽃자루 없는 꽃이 빽빽하게 모여 피면 촛대 같아요. 꽃받침과 꽃잎은 각각 5개씩 달리고 끝이 뾰족해요. 수술은 10개이고 꽃잎보다 약간 길어요. 꽃밥은 검붉은색이고 꽃가루는 노란색이에요. 암술은 5개예요. 잎은 잎자루 없이 다닥다닥 달리고 끝이 가시처럼 뾰족하며 녹색이기도 하고 붉은색을 띠기도 해요. 꽃이 피기 시작하면 아래쪽의 잎부터 하나씩 시들기 때문에 꽃이 다 필 무렵이면 잎의 아름다움은 보기 어려워져요. 열매는 5개씩 모여 달려요.

가시처럼 끝이 뾰족한 잎(갈색)

방석 모양으로 달리는 잎(녹색)

5개씩 모여 달리는 열매

이야기 물기 많은 다육식물

양분이 좀 부족한 장소라고 해도 그런 곳에서 살 수 있는 능력만 갖춘다면 경쟁하지 않아도 돼서 좋아요. 어쩌면 경쟁을 피하고 싶은 식물이 그렇게 살기 어려운 곳을

택해서 살기 시작했는지도 몰라요. 대신에 수분은 마음껏 취하기 어려워요. 그래서 바위솔은 물기를 많이 모아두는 능력을 갖췄어요. 몸이 두툼하게 만드는 방식으로 말이에요. 게다가 뿌리를 바위틈이나 기와지붕 사이에 서려두기 때문에 어지간한 가뭄이나 건조에도 잘 견뎌요.

그런 식물을 흔히 **다육식물**이라고 해요. 식물 기르는 것을 좋아하는 사람들은 '다육이'라는 애칭으로 불러요. 세심히 관리해주지 않아도 알아서

> • 다육식물(多肉植物): 몸에 많은 양의 수분을 저장할 수 있는 식물

잘 자라는 친구예요. 오히려 사랑이 너무 넘쳐서 물을 많이 주면 뿌리가 썩어 죽을 수 있어요. 지나친 관심을 퍼부어주는 것보다 적당한 무관심으로 내버려 두는 것이 바위솔을 잘 키우는 방법이에요. 무관심으로 키우더라도 바람이 잘 통하는 곳에 두어야 탈 없이 잘 자라요.

살기 어려운 곳에서 잘 자라는 바위솔

바위솔을 밭에 심어 대규모로 재배하는 모습

<u>쓰임새</u>　화상 치료제, 재배 약초

바위솔은 전체적으로 서늘하고 물기가 많아서 예로부터 몸의 열을 내리게 하거나 화상을 치료할 때 썼어요. 그 외에도 여러 가지 효능이 있어서 바위솔을 밭에 심어 대규모로 재배하는 곳이 지금도 있어요. 그런데 밭에서 재배하는 바위솔은 야생에서 자라는 바위솔과 생김새가 조금 달라 보이기도 해요.

닮은 친구   둥근바위솔, 정선바위솔

바위솔과 비교해 잎이 녹색이고 넓적하며 끝이 둥근 친구는 '둥근바위솔'이라고
해요. 주로 동해의 바닷가 쪽 산지나 모래땅에서 자라요. 어떤 경우에는 가지가 갈라
지면서 여러 개의 꽃차례가 만들어지기도 해요.

잎이 넓고 끝이 둥근 편인 둥근바위솔

가지가 갈라진 둥근바위솔

'정선바위솔'은 강원도 정선에서 처음 발견된 친구예요. 주로 강원도 석회암 지대
에서 자라고 잎이 둥근 원형에 가까운 점이 특징이에요. 잎의 색이 회녹색인 것도 있
고 연한 분홍색인 것도 있어요.

잎이 둥근 원형에 가까운 정선바위솔(회녹색)

잎이 둥근 원형에 가까운 정선바위솔(분홍색)

두해살이풀일까, 여러해살이풀일까?

바위솔은 두해살이풀이다, 아니다 여러해살이풀이다, 하는 논란이 있어요. 사실 바위솔 종류들은 꽃이 핀 후 열매를 맺고 나면 더 살지 못하고 죽어요. 그래서 성장한 지 두 해 만에 꽃이 피면 두해살이풀이지만 환경이나 영양 상태 등에 따라 세 해나 네 해 후에 꽃이 피면 여러해살이풀로 봐야 해요. 그렇게 꽃이 어느 해에 필지 모르므로 바위솔 종류들은 여러해살이풀로 보는 것이 일반적이에요.

꽃이 피면 죽는다고 하니까 어떤 분은 꽃대를 잘라줘 버리기도 해요. 그러지 말고 열매가 잘 익거든 씨를 탈탈 털어서 뿌려두면 싹이 잘 나니까 그것을 새로 키우는 편이 나아요. 어려운 환경 속에서 어떻게든 살아서 꼭 꽃을 피우는 바위솔을 보면 끈질긴 생명력이란 이런 것이구나 하고 감탄하게 돼요.

돌바닥에서 자잘한 크기로 자라는 모습

자잘한 크기로 자라다가 작게 꽃 핀 모습

바위솔

셋째 마당

물가와 바닷가에서 만나는 풀꽃 친구

바위틈은 영원한 내 집
돌단풍 (범의귀과)

Mukdenia rossii (Oliv.) Koidz.
중부 이북 지역의 계곡 바위틈에서 자라며
4~5월에 꽃 피는 여러해살이풀

경기도 가평군 화야산의 돌단풍

단풍나무는 가을에 물드는 단풍(丹楓)이 고와서 이름 붙여진 나무예요. 돌단풍은 돌 틈에서 자라고 잎이 단풍잎 같다고 해서 붙여진 이름이고요. 바우나리 또는 바위나리라고도 해요. 바위틈에서 자라고 나리, 즉 백합처럼 꽃이 예쁘다는 뜻이에요. 돌단풍은 흔히 계곡 주변에 살아서 물가를 좋아하는 것으로 보여요. 그런데 꼭 계곡 주변이 아니라 돌 틈이면 별 탈 없이 잘 자라

단풍잎

요. 그래서 돌단풍은 물가를 좋아한다기보다 돌 틈에서 살기를 좋아하는 친구로 보는 것이 맞아요. 돌 틈이 왜 좋으냐고요? 돌 틈은 한번 자리 잡으면 영원한 내 집이거든요.

생김새 단풍잎처럼 갈라진 잎, 꽃받침잎 사이의 꽃잎, 달걀 모양의 열매

돌단풍은 땅속이나 바위틈에 굵은 뿌리줄기를 묻어두고 살아요. 밖으로 드러난 뿌리줄기에서는 새 꽃줄기와 잎이 자라나요. 꽃은 봄이면 길게 자라난 꽃줄기 끝에 흰색 또는 붉은색이 약간 도는 흰색으로 여러 개가 모여 피어요. 꽃받침잎은 5~6개이고 흰색이어서 꽃잎처럼 보여요. 꽃잎도 5~6

꽃받침잎은 **5~6개** 수술은 **5~6개**
꽃잎은 **5~6개**
암술대는 **2개**

돌단풍의 꽃 구조

개이고 흰색이며 꽃받침잎 사이사이에 꽃받침잎보다 작은 크기로 달려요. 수술은 5~6개이고 꽃잎보다 짧아요. 암술대는 2개예요. 잎은 뿌리에서 모여나기하고 5~7갈래로 갈라진 단풍잎 모양이며 가장자리에 잔 톱니가 있어요. 잎자루는 길어요. 잎보다 꽃이 먼저 피거나 잎과 꽃이 함께 피는 모습이에요. 열매는 달걀 모양이에요.

새 꽃줄기가 돋는 뿌리줄기

단풍잎처럼 갈라진 잎

달걀 모양의 열매

이야기 바위틈에서만 사는 이유

세상에 제일 편한 곳이 내 집이에요. 여행도 좋고 근사한 숙소에서 묵어보는 것도 좋지만, 돌아올 때쯤이면 내 집만큼 편한 곳이 없다고들 해요. 어찌 보면 마음 편히 쉴 수 있는 나만의 보금자리가 있다는 것도 행복이에요.

집도 완전한 내 집이어야 좋아요. 세 들어 살다 보면 정이 들 만하면 떠나야 하고 이사를 자주 해야 하다 보니 내 집이 내 집 같지 않을 수 있어요. 주인이 나가라고 하면 다시 이사할 집을 알아보느라고 힘들고, 이사하면 그 집에 적응하느라 어려움을 겪어요. 완전한 내 집이 있으면 그러지 않아도 되고, 오래도록 정 붙이고 마음 편히 살 수 있어 좋아요.

식물도 내 집이 필요하다는 사실을 잘 알아요. 살던 곳에서 쫓겨나면 살아가기가 막막해지는 것은 식물도 마찬가지거든요. 한번 자리 잡으면 아무도 뭐라 하지 않는, 절대 내쫓길 일 없는 내 집 마련을 위해 처음부터 그런 곳만 골라 뿌리내리고 사는 친구들이 있어요. 돌단풍도 그중 하나예요. 돌단풍이 마련한 집은 대개 바위틈이에요. 바위틈에 자리만 잘 잡으면 아무도 함부로 가져갈 수 없고, 바위가 나가라고 하는 일도 없으니 영원히 자기 집이 될 수 있어요. 뿌리 쪽이 늘 시원하니 오랜 가뭄에도 큰 걱정이 없는 편이에요. 그런 곳은 경쟁도 적은 편이어서 먼저 자리를 잡는 것이 임자예요.

계곡 바위틈에 자리한 돌단풍

사실 바위틈이 그리 살기 좋은 장소는 아니에요. 흙이 별로 많지 않아서 양분이 적고 뿌리를 깊숙이 넣기 어렵다 보니 맘껏 자랄 수도 없어요. 그

런 곳이다 보니 바위틈은 남들이 잘 살지 않으려는 장소 중 하나예요. 그런 곳에서 살기로 했기에 돌단풍은 어려운 조건에 견딜 수 있도록 산삼처럼 두껍고 퉁퉁한 뿌리를 갖추었어요. 어느 예술가의 작품처럼 계곡 바위틈에 멋지게 핀 모습을 보면 돌단풍의 적응력이 대단하다고 느껴져요.

돌단풍은 잎의 생김새만 보고 지은 이름이 아니에요. 이른 봄에 돋는 잎이 단풍이 든 것처럼 붉어질 때가 많아서 지어진 것이기도 해요. 이른 봄에는 **자외선**이 무척 강한데, 그 자외선으로부터 잎을 보호하기 위해서 자줏빛이나 붉은빛을 띠는 것이라고 해요.

단풍잎처럼 붉은빛을 띠는 잎

바위틈에 심은 모습

쓰임새 꽃을 보는 식물

돌단풍의 어린잎을 먹을 수 있다고 해요. 하지만 주로 꽃을 보기 위해 심는 친구예요. 무리 지어 물가나 바위틈에 심어놓으면 알아서 잘 자라요.

<u>닮은 친구</u> **바위떡풀**

돌단풍처럼 바위틈을 제집으로 삼은 친구로 바위떡풀이 있어요. 바위떡풀도 계곡 주변이나 축축한 습기가 있는 바위틈을 좋아해요. 바위에 떡하니 붙은 둥근 잎만 보고도 알아볼 수 있는 친구예요. 꽃밥이 빨간색이어서 이제 막 핀 꽃을 보면 폭죽놀이 하는 기분이 들어요.

바위떡풀

식물 간의 자리다툼

계곡 주변은 많은 동식물이 살아가는 장소예요. 왜 그럴까요? 일단, 계곡은 물이 풍부해요. 생명의 원천인 물은 모든 생명에게 없어서는 안 되는 조건이에요. 게다가 계곡은 움푹 파이거나 낮은 곳이어서 온갖 것이 자연적으로 모여들기 좋아요. 그렇다 보니 양분도 많은 편이에요. 물과 양분이 풍부하니 다양한 동식물이 살기 좋은 환경이 되어 줘요. 하지만 그런 곳일수록 경쟁은 치열하기 마련이에요. 식물의 자리다툼은 그래서 시작되고, 경쟁해서 이길 것인가 아니면 피할 것이냐에 따라 식물의 자리가 결정돼요. 돌단풍은 경쟁을 피해 바위틈에 자리 잡은 친구라고 보면 돼요.

농부에겐 귀찮지만 멸종위기식물

매화마름 (미나리아재비과)

Ranunculus kadzusensis Makino
주로 서해안과 동해안의 논이나 수로에 무리 지어 자라며
4~5월에 꽃 피는 한두해살이풀

충남 태안군 안면도의 매화마름

　　매화마름은 매화와 붕어마름이 합쳐진 이름이에요.
매화는 매실나무의 꽃으로, 식물 이름에 들어가면 대개
'매화를 닮은 꽃' 또는 '매화처럼 예쁜 꽃'이라는 뜻이에
요. 매화마름도 그래서 꽃이 작지만, 매화처럼 꽃잎
이 5개이고 아주 예뻐요. 붕어마름은 물에서 자라는 식
물이라서 매화마름이 사는 곳과 거의 같고 잎이 닮았어
요. 매화마름은 대규모로 피기도 하는데, 작은 꽃이 논

매화

가득 피어나면 나름 멋진 광경으로 보여요. 그런데 그것이 우리 눈에만 예쁜가 봐요.
농부들은 매화마름이 예쁜지 잘 모르겠고, 농사에 아무 도움도 되지 않아 귀찮은 잡
초라고 해요.

생김새　매화 닮은 꽃, 실처럼 가는 잎

매화마름은 줄기의 마디에서 뿌리가 내려요. 줄기는 속이 비어 있고 가지가 갈라져요. 잎과 마주나기하는 꽃자루가 물 밖으로 나와 그 끝에 흰색 꽃이 1개씩 피어요. 꽃의 지름은 1㎝로 매우 작아요. 꽃잎은 5개이고 안쪽이 노란색이에요. 암술과 수술은 많아요. 잎은 어긋나기해요. 물속의 잎은

꽃받침조각은 **5**개
수술은 많음
암술은 많음
꽃잎은 **4~5**개,
안쪽이 진한 노란색

매화마름의 꽃 구조

실처럼 여러 차례 가늘게 갈라져요. 땅 위에서 자라는 잎일수록 두꺼운 편이에요. 열매는 여러 개가 둥글게 모여 달려요.

뿌리

깃 모양으로 갈라지는 잎

여러 개가 모여 달린 열매

이야기　논의 잡초에서 멸종위기 Ⅱ급 식물로

예전에 우리나라에서 농약과 같은 화학물질을 거의 쓰지 않던 시절에는 논도 다양한 동식물이 살아가는 환경이었어요. 논이지만 일종의 습지 같은 역할을 하는 장소로 여길 수 있었어요. 그런데 계속되는 도시화와 공업화로 화학비료나 제초제 같은 농약을 너무 많이 사용하면서 논에서 살던 많은 동식물이 사라지기 시작했어요.

서해안의 논에서는 매화마름이 발견되면서 보호해야 한다는 목소리가 높았어요. 일례로, 인천광역시 강화도 초지리의 매화마름 군락지가 그랬어요. 내셔널트러스트

운동이라고 해서 1895년 영국에서 시작된 운동이 있는데, 한국에서는 한국내셔널트러스트(National trust of Korea)라고 해요. 여기에서는 우리 전통문화인 두레와 같이 보전 가치를 지닌 자연·문화 유산을 시민의 성금으로 사들여 미래 세대에까지 오래도록 보전하는 운동을 해요. 한국내셔널트러스트의

강화도 초지리 매화마름 군락지

시민유산 1호가 바로 강화도 초지리 매화마름 군락지예요. 2002년 시민들의 성금과 이전 주인의 기증(370㎡)으로 총 3,000㎡가 넘는 땅을 사들여 각계 전문가와 지역주민들이 함께 보전해요. 매화마름은 특이하게도 경작하지 않는 논보다 경작하는 논에서 잘 자란다고 해요. 그런 특성을 이용해서 이곳에서는 4~5월에는 매화마름 관찰행사를 하고, 6월에는 손 모내기 행사를 하며, 7~8월에는 김매기 행사, 10월에는 가을걷이 행사를 진행해요. 도시화와 공업화로 인해 논·습지 등이 파괴되고, 농약 등 화학물질의 사용으로 사라져가는 매화마름을 보전하는 일은 종의 다양성 그리고 조화로운 자연환경을 지켜나가는 일이에요.

멸종위기 Ⅱ급식물로 지정되면서 매화마름에 관한 관심이 높아졌어요. 덕분에 지금은 여러 곳에서 매화마름 군락지가 발견되었어요. 그렇게 여러 곳에서 매화마름이 자라고 있었음에도 잘 알지 못했던 이유는, 꽃이 워낙 작고 농부에게 매화마름이 귀찮은 잡초로 여겨졌기 때문이에요. 봄이면 모내기 철을 앞두고 자기 논을 가득 메워 피어나니 얼마나 성가셨을까요? 매화마름이 필 무렵이면 소나무에서 많은 송홧가루가 바람에 날려 물 위에 떨어져요. 그때가 되면 어느 것이 매화마름이고 어느 것이 송홧가루인지 분간이 안 갈 정도로 비슷해요.

인천광역시 강화군 송해면에 핀 매화마름 군락

<u>쓰임새</u> 아직 별다른 쓰임새가 없는 식물

매화마름에서는 아직 별다른 쓰임새를 발견하지 못한 것 같아요. 작긴 해도 꽃이 예쁘니까 꽃을 보는 식물로 개발하면 좋겠지만 한두해살이풀이어서 계속 씨를 뿌려야 한다는 단점이 있어요. 그러니 매화마름 역시 자생지에서 만나는 식물로 생각하는 것이 좋겠어요.

<u>닮은친구</u> 마름, 물매화

매화마름과 이름이 비슷한 친구로 '마름'이 있어요. 마름 역시 물에서 자라는데 꽃보다는 마름모 모양의 잎이 특이해요. 마름의 잎 모양에서 마름모라는 말이 생겨났다고 해요.

　그런가 하면 '물매화'라는 친구도 있어요. 습기 있는 곳이나 계곡 주변에서 자라는데, 곤충을 유인하는 헛수술이 아주 예쁘기로 유명한 친구예요.

잎 모양에서 마름모라는 말이 생겨나게 한 마름

곤충을 유인하는 헛수술이 예쁜 물매화

그거 알아요?

잡초는 없다!

세상에 잡초는 없다고들 해요. 잡초는 어디까지나 사람의 기준에서 만들어낸 것일 뿐이니까요. 이름을 알고 또 쓰임새가 있으면 잡초로 여기지 않는데, 이름도 잘 모르겠고 쓰임새도 잘 모르겠으니까 그냥 잡초라고 불러요. 이름을 안다면, 그리고 쓰임새를 발견한다면 절대 잡초로 여기지 않을 거예요.

사람도 마찬가지예요. 지금 당장 사회에 불필요해 보이는 사람일지라도 아직 쓰임새를 발견하지 못했거니 기회가 주어지지 않아 그럴 수 있어요. 자신을 갈고닦는 일을 게을리하지 않는다면 언젠가 자기 능력이 올바르게 쓰일 기회가 누구에게나 올 것이라고 믿어요.

끈끈이귀개 (끈끈이귀개과)

Drosera peltata var. nipponica (Masam.) Ohwi ex E. Walker
남부지방 해안가의 풀밭에서 드물게 자라며
5~7월에 꽃 피는 여러해살이풀

전남 진도군의 끈끈이귀개

몸에 끈끈이가 있고 귀를 후비는 귀이개처럼 생겼다는 뜻에서 끈끈이귀개라고 해요. 몸에 끈끈이가 있는 이유는 작은 벌레를 잡기 위해서예요. 식물이지만 벌레를 잡아먹고 사는 친구거든요. 그런데 몸이 귀이개를 닮지는 않았다고요? 맞아요. 그런데 귀이개를 닮았으면서 벌레를 냠냠 잡아먹고 사는 친구가 있어요. 그 친구한테서 이름을 빌려와서 이 친구의 이름을 지었어요.

그보다 식물이 동물을 잡아먹는다는 사실이 참 신기해요. 땅속에 뿌리도 있으면서 대체 그들은 왜 벌레를 잡아먹게 되었을까요? 벌레를 잡는 방법도 약간씩 다른데, 끈끈이귀개는 잎에 달린 끈끈이를 이용해서 잡아요. 우리나라에 이런 식물이 있다는 사실을 알고 나면 아마 다들 깜짝 놀랄 거예요.

생김새 둥근 덩이줄기, 새하얀 꽃, 끈끈이가 달린 잎

끈끈이귀개는 곧게 서는 줄기가 있고 위쪽에서 가지가 갈라지기도 해요. 땅속에 둥근 덩이줄기가 있어요. 꽃은 줄기 끝이나 잎과 마주나기로 달린 꽃차례에 피어요. 흰색이고 꽃잎은 5장이에요. 수술은 5개예요. 암술대는 3개이고 각각 4~9갈래로 다시 잘게 갈라져요. 뿌리 쪽의 잎은 꽃이 필 때 없어져요. 줄기 쪽에 달리는 잎은 초승달 모양이고, 끈끈한 액으로 벌레를 잡는 긴 **샘털**이 방울방울 달려요. 샘털이 워낙 끈끈해서 벌레가 일단 잡히면 서두를 것 없이 천천히 오므리면 돼요. 이 샘털을 손으로 만져보면 차가운 느낌이 들어요. 열매는 둥글고 3갈래로 갈라져요.

• 샘털: 물질을 분비하는 성질이 있는 털 = 선모(腺毛)

수술은 **5개**

꽃잎은 **4~5개**

암술대는 **3개**, 끝이 각각 **4~9**갈래로 다시 갈라짐

끈끈이귀개의 꽃 구조

둥근 덩이뿌리

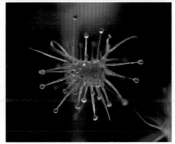

샘털 달린 잎

달걀 모양의 열매

이야기 육식으로 입맛을 바꾼 사연

끈끈이귀개는 우리나라에 몇 안 되는 벌레잡이풀 중 하나예요. 끈끈이가 잔뜩 달린 샘털이 햇빛에 반짝이면 꿀을 잔뜩 발라놓은 것 같아요. 그것에 유인된 곤충이 날아와 붙기만 하면 그걸로 끝이에요. 워낙 끈끈한 물질이어서 끈끈이귀개는 서두를

이유가 하나도 없어요. 붙잡힌 곤충은 어떻게든 도망가려고 안간힘을 쓰지만 그럴수록 다른 잎의 끈끈이까지 붙어서 더욱 옴짝달싹하지 못해요. 끈끈이귀개는 잎을 서서히 오므라들게 한 후 소화액을 내서 곤충을 녹여 먹어요. 그런 후 아무 일도 없었다는 듯 다시 잎을 천천히 펴고 다른 곤충이 와서 붙잡히기를 기다려요. 그런 면에서 끈끈이귀개의 잎은 미끼이자 곤충 잡는 망이에요. 보통 파리류나 하루살이류 같은 작은 곤충이 걸려들지만, 어떨 때는 큰 벌류나 거미류가 잡히기도 해요. 어떤 곤충이건 끈끈이귀개에는 영양 만점의 음식이에요. 그러고는 섬뜩할 정도로 새하얀 꽃을 피워 올려요.

  그런데 끈끈이귀개를 비롯한 벌레잡이풀들은 어쩌다 곤충을 먹기로 입맛을 바꾼 걸까요? 실은 벌레잡이풀들이 살아가는 습지라는 공간은 식물에 필요한 양분이 부족한 곳이에요. 특히, 몸을 구성하는 데 꼭 필요한 질소와 인이 부족해서 그것을 보충하려고 벌레를 먹는 것이라고 해요. 먹고 싶어서 먹는 것이 아니라 살기 위해서 먹는 것이라고나 할까요? 몸에 녹색이 있어서 스스로 광합성도 해요. 하지만 그것만으로는 부족하니까 곤충을 먹기로 한 것 같아요.

파리류의 다리를 붙잡은 모습　　　　파리류의 머리를 붙잡은 모습　　　　거미류를 붙잡은 모습

  끈끈이귀개가 꽃을 피우는 건 당연히 꽃가루받이하기 위해서예요. 그런데 그때도 곤충의 도움이 필요해요. 먹이부터 꽃가루받이까지 철저하게 곤충을 이용하는 셈이에요. 등에 종류가 와서 끈끈이귀개의 꽃가루를 맛있게 먹는 모습을 보면 살짝 걱정되기도 해요. 날아갈 때 조심하지 않으면 바로 붙잡혀 먹이가 될 수 있으니까요. 그

렇게 되면 끈끈이귀개 입장에서는 꽃가루받이도 하고 먹이도 먹고 일거양득이에요. 혹시 어쩌면 그렇게 꽃가루받이하러 오는 곤충에 눈독을 들이다가 잡아먹기 시작했는지도 모르겠어요.

끈끈이귀개의 하얀 꽃에 날아든 등에 종류

쓰임새 아직 쓰임새는 없는 식물

쓰임새는 거의 없어요. 워낙 귀해서 그런 것 같아요. 그런데 최근에는 끈끈이귀개가 자라는 남부 지방보다 좀 더 위쪽 지방에 옮겨 심는 일을 연구한다고 해요. 그 방법이 개발되면 실내 같은 곳으로 옮겨서 끈끈이귀개를 키워볼 수도 있을 거예요.

닮은 친구 *끈끈이주걱*

끈끈이귀개와 가장 많이 닮은 친구는 '끈끈이주걱'이에요. 잎이 주걱 모양이고 끈끈한 샘털이 있어서 이름 붙여진 친구인데, 끈끈이귀개처럼 벌레가 닿으면 주걱 모양의 잎을 서서히 오므려 벌레를 잡아요. 줄기가 있는 끈끈이귀개와 달리 끈끈이주걱은 줄기가 없고 잎이 뿌리에서 모여나기하는 점이 달라요. 꽃줄기가 따로 올라와서 꽃을 줄줄이 피워대지만, 빛이 약한 곳에서는 꽃이 잘 벌어지지 않아요.

잎이 뿌리에서 모여나기하는 끈끈이주걱

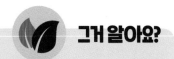

벌레잡이풀의 종류

곤충을 잡아 양분을 취하면서 사는 벌레잡이풀은 3가지 정도로 나눌 수 있어요. 첫 번째는 잎이 변형된 기관인 통 모양의 벌레잡이주머니를 가진 종류로, '네펜테스'가 있어요. 네펜테스는 개구리나 쥐까지도 잡아먹을 수 있다고 해요. 우리나라의 식물 중에는 통발이나 참통발이 벌레잡이주머니로 벌레를 잡는데, 아주 작아요. 두 번째는 열리고 닫히는 잎을 가진 종류로, '파리지옥' 등이 있어요. 아무 때나 잎을 닫는 것이 아니라 잎 안의 예민한 털을 몇 개 건드리는 것이 느껴지면 닫는다고 해요. 세 번째는 '끈끈이귀개', '끈끈이주걱', '벌레잡이제비꽃'처럼 끈끈한 샘털로 잡는 종류예요. 벌레잡이제비꽃은 끈끈한 잎 위로 벌레가 지나다가 붙잡히면 그대로 소화액을 내서 녹여 먹는다고 해요.

벌레잡이주머니를 가진 네펜테스

열리고 닫히는 잎을 가진 파리지옥

끈끈한 털로 잡는 벌레잡이제비꽃

꽃인데 피기 전엔 붓

붓꽃 (붓꽃과)

Iris sanguinea Donn ex Hornem.
볕이 잘 들고 습기가 있는 언덕에서 자라며
5~6월에 꽃 피는 여러해살이풀

경기도 포천시 국립수목원의 붓꽃

문방사우(文房四友)라는 말이 있어요. 학문하는 사람이 서재에서 가까이하는 종이·붓·먹·벼루를 네 명의 벗으로 비유한 말이에요. 그중 하나인 붓을 닮았다고 해서 붓꽃이라고 해요. 붓꽃의 꽃에서 붓을 찾을 수는 없고, 꽃봉오리의 모습이 돌돌 말린 붓처럼 생겼어요. 필기구가 다양해지기 전에는 붓을 많이 사용했어요. 연필이나 볼펜에 앞서 우리 민족이 즐겨 썼던 것이 바로 붓이에

붓글씨, 출처: pixabay

요. 컴퓨터가 등장한 이후로는 손글씨 쓰는 일이 적어지다 보니 명필(名筆) 소리 듣는 사람이 적어졌어요. 여러분의 글씨체는 어떤가요? 명필인가요, 악필인가요?

생김새 붓 모양의 꽃봉오리, 바깥쪽 화피 3개, 안쪽 화피 3개

땅속에 긴 뿌리줄기가 있고 수염뿌리가 발달해요. 줄기는 곧게 서고 여러 대가 모여나기해요. 꽃은 길게 자라난 꽃줄기 끝에 2~3개씩 피어요. 대개 보라색으로 피고 드물게 흰색으로 피는 것도 있어요. 꽃줄기는 속이 비었어요. 바깥쪽 화피는 크고 3개이며 아래로 처지고 안쪽에 노란색 바탕

붓꽃의 꽃 구조

에 보라색 줄무늬가 있어요. 안쪽 화피는 약간 작고 3개이며 곧게 서요. 암술대는 바깥쪽 화피를 따라 3갈래로 갈라지고 각 갈래조각의 끝은 다시 2갈래로 갈라져요. 갈라진 암술대 뒤쪽에 수술이 숨겨져 있어요. 잎은 줄기에 2줄로 붙으며 창 모양이에요. 열매는 삼각 모양으로 익어요.

흰색 꽃

창 모양의 잎

삼각 모양의 열매

이야기 바깥쪽 화피와 암술대 사이로

붓꽃과의 식물은 화려한 화피로 곤충을 유인해요. 붓꽃도 여느 꽃 못지않은 아름다운 꽃으로 곤충의 시선을 끌어요. 곤충은 자기 마음대로 꽃의 꿀이나 꽃가루를 탐하므로, 꽃들은 꽃의 모양으로 곤충의 행동을 통제하거나 특정한 행동을 하게 만들어요. 붓꽃과의 식물은 화피의 모양으로 그렇게 해요.

일단, 방문하는 곤충에게 꽃가루는 주지 않고 대신 꿀이나 꿀 비슷한 것을 줘요. 꽃가루는 곤충이 꿀을 먹을 때 머리나 등 쪽에 묻을 수 있도록 암술대 안쪽에 수술의 꽃밥을 숨겨놓아요. 우리 눈에 잘 띄지 않지만, 암술대를 살짝 들어보면 그 속에 숨겨진 수술의 꽃밥을 볼 수 있어요.

붓꽃에 달린 두 종류의 화피는 역할이 달라요. 안쪽 화피는 곧게 솟아 곤충의 눈에 잘 띄게 하는 역할을 해요. 바깥쪽 화피는 곤충이 앉을 수 있는 착륙장소 역할도 하고, 안쪽의 그물 무늬로 곤충에게 꿀이 있는 장소를 알려주는 역할도 해요. 그러면 그 안내를 따라 곤충은 머리를 디밀어요. 머

곤충이 붓꽃 속으로 들어가는 방향

리 바로 위에 암술대가 있고, 그 아래에 숨겨진 수술의 꽃밥이 있으므로 깊숙이 숨겨진 꿀을 먹으려고 벌이 머리를 디밀고 들어가면서 꽃밥을 건드리면 꽃가루가 묻어요. 물론, 몸 크기나 습성에 따라 자기 마음대로 아무 방향으로나 들어와 꿀을 먹는 곤충도 있어요. 하지만 위에서 말한 대로 행동하는 곤충이 오기만 하면 꽃가루받이는 어렵지 않게 일어나요.

쓰임새 꽃을 보는 식물

붓꽃도 뿌리줄기를 약으로 쓴다고 해요. 그보다는 꽃을 보는 식물로 수목원이나 정원 등지의 물가에 많이 심어요. 붓꽃은 꼭 물이나 습기가 많은 곳에 심어야 하는 것은 아니므로 심을 수 있는 곳이 많은 편이라 좋아요.

닮은 친구 부채붓꽃, 제비붓꽃

붓꽃과 닮은 친구 중 '부채붓꽃'과 '제비붓꽃'을 소개할게요.

부채붓꽃은 잎이 넓고 편평한 것을 부채에 비유한 이름이에요. 부채붓꽃의 꽃은 언뜻 붓꽃과 비슷해 보이지만 아주 뚜렷하게 다른 점이 있어요. 안쪽 화피가 바늘처럼 작고 뾰족하다는 점이에요. 그래서 안쪽 화피라고 알아보지 못한 채 암술대를 안쪽 화피라고 잘못 아는 경우가 많아요. 암술대의 기능이 발달하면서 안쪽 화피의 기능이 줄어든 결과 같아요. 그래서 이름을 부채붓꽃보다 바늘붓꽃이라고 해야 더 어울릴 것 같아요.

제비붓꽃은 물 찬 제비처럼 예쁜 붓꽃으로 풀이해요. 중국과 북한에서 부르는 '연자화(燕子花)'에서 힌트를 얻어 제비처럼 예쁘다고 표현한 이름 같아요. 안쪽 화피는 곧게 서요. 바깥쪽 화피는 넓고 아래로 처지며 안쪽에 황백색의 선으로 된 무늬가 있어요. 그 모습이 제비 같다고 하기도 해요.

부채붓꽃의 꽃 구조

제비붓꽃의 꽃 구조

둘 다 수목원 같은 곳에 많이 심어놓아서 관람하기가 어렵지 않아요. 하지만 야생에서는 워낙 귀해서 둘 다 멸종위기Ⅱ급식물로 지정해서 보호해요. 최근에는 이 친구들이 살아가는 습지가 거의 다 파괴되고 있어요. 그 습지에는 이 친구들 외에 다른 식물 친구들도 많이 살아가고 있었는데 참 안타까워요.

자생지의 부채붓꽃 군락(강원도 양양군)

심은 부채붓꽃

자생지의 제비붓꽃 군락(강원도 고성군)

심은 제비붓꽃

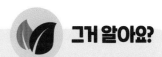

그거 알아요?

붓과 선비의 나라

우리 민족은 원래 붓을 잘 쓰는 민족이에요. 이웃 나라 일본은 칼을 잘 쓰는 민족이고요. 그래서 일본은 칼과 무사의 나라라고 하고, 우리는 붓과 선비의 나라라고 해요. 하지만 그것도 다 옛말 같아요. 글 쓰고 책 읽는 사람이 많아야지 붓과 선비의 나라라고 할 텐데, 요즘은 컴퓨터와 핸드폰이 만능인 시대여서 말이에요. 마음을 전할 때만큼은 손으로 글씨를 써보면 어떨까요? 나라 간에도 중요한 일이 있을 때는 직접 쓴 글씨로 마음을 전해요.

진흙 속에서 피워 올리는 꽃

연꽃 (연꽃과)

Nelumbo nucifera Gaertn.
연못이나 호수 등에 심으며
7~8월에 꽃 피는 여러해살이풀

경기도 양평군 세미원의 연꽃

　연못이라는 말은 못이라는 말에서 유래했어요. 넓고 깊게 팬 땅에 물이 고여 있는 곳을 '못'이라고 하는데, 그곳에 주로 연꽃을 심었기에 연못이라고 불렀어요. 즉, 연꽃을 심은 못을 연못이라고 한 것이에요. 그런데 지금은 뜻이 넓어져서 연꽃이 없더라도 넓고 오목하게 팬 땅에 물이 괴어 있으면 연못이라고 불러요. 연꽃은 원래 '연(蓮)'이라는 한 글자 이름인데, 한 글자는 어딘지 모르게 불안하므로 '꽃'을 붙여 부르게 되었어요.

　연꽃은 인도와 이집트를 포함한 아시아 남부와 호주(오스트레일리아) 북부가 고향인 친구예요. 우리나라에서는 전국에서 아주 오래전부터 재배해 온 식물이라 낯설지 않고 우리의 꽃처럼 느껴져요.

<u>생김새</u> 커다란 꽃, 우산 같은 잎, 샤워기 같은 열매 덩어리

물속의 진흙 속에 있는 굵은 뿌리줄기가 옆으로 뻗으면서 자라요. 뿌리줄기 속에는 많은 구멍이 있어요. 이 뿌리줄기의 마디에서 잎이 나와 물 위로 솟아요. 꽃줄기도 물 위로 솟아 긴 꽃대 끝에 한 개씩의 커다란 꽃이 달려요. 붉은색, 분홍색, 흰색 등으로 피며 지름이 10~25㎝일 정도로 커요. 낮에만 벌어지는데 보통 3~4일 동안 계속 피어요. 꽃받침조각은 녹색이고 4~5개이며 일찍 떨어져요. 꽃봉오리의 겉 부분이 바로 꽃받침조각이에요. 꽃

> • 꽃턱: 꽃받침, 꽃잎, 수술, 암술이 한데 붙어 달리는 부위

꽃잎은 16~24개   꽃턱
수술은 많고 꽃턱 주위에 돌려 달림

연꽃의 꽃 구조

잎은 16~24장으로 많아요. 수술은 400여 개나 되고 꽃밥은 노란색이에요. **꽃턱**은 고깔 모양이고 10㎝ 내외이며 겉이 납작해요. 꽃에서 은은한 향기가 나요. 잎은 둥근 방패 모양이고 지름이 30~90㎝나 되며 가운데가 오목하고 가장자리는 밋밋해요. 물에 젖지 않아 물방울이 구슬처럼 도로록 굴러다녀요. 잎자루의 길이는 1~2m나 돼요. 열매는 꽃턱의 구멍에 한 개씩 달리고 타원 모양이며 검은색으로 익어요. 그래서 여러 개의 열매가 뭉쳐서 된 열매 덩어리의 모습이 꼭 욕실의 샤워기 같아요..

홍자색 꽃의 꽃턱

물에 젖지 않는 잎

꽃턱의 구멍 속에 든 열매

이야기   진흙 속에서도 피는 불교의 꽃

불교에서는 연꽃을 신성시해요. 그래서 부처님이 앉아 있는 좌대를 연꽃 모양으로 수놓는데, 이를 연화좌라고 해요. 불교를 상징하는 부처님의 꽃인 연꽃은 싯다르타 태자가 룸비니 동산에서 태어나 동서남북으로 일곱 발자국씩 걸을 때마다 땅에서 연꽃이 솟아올라 태자를 떠받들었다는 데서 불교의 꽃이 되었다고 해요. 더러운 곳에 있어도 세상에 물들지 않고 항상 맑은 본성을 간직하고 있을 뿐만 아니라, 향기로운 꽃으로 피어나 세상을 정화한다고 해서 불교에서 말하는 세상의 원리를 잘 나타내는 꽃으로 이야기해요. 어떤 어려움이 찾아오더라도 올바른 심성을 잃지 않고 견뎌내다 보면 연꽃처럼 커다란 꽃을 환하게 피울 날이 올 거예요.

이러한 이유로 불교에서는 부처님의 세계를 나타낼 때 연꽃을 그 상징물로 사용해요. 부처님이 앉는 연화좌는 물론이고 건물이나 석탑이나 석등 같은 석조물에도 연꽃 그림이나 무늬를 넣어요. 초파일 같은 행사에 매다는 등인 연등(燃燈)도 연꽃 모양으로 만들어서 달기도 해요.

지리산 화엄사의 연등

연꽃의 열매차례

쓰임새   연근, 연잎밥, 연잎차, 연꽃차, 연밥, 꽃을 보는 식물

연꽃은 어느 것 하나 버릴 것이 없는 식물이에요. 기본적으로 연꽃은 뿌리줄기인

184

'연근(蓮根)'을 얻기 위해 재배해요. 구멍이 숭숭 나 있는 연근은 가을이 끝날 무렵에 수확해요. 약으로 쓰기도 하지만, 주로 조림이나 튀김으로 먹어요. 잎으로는 쌈밥이나 차로 만들어 먹어요. 찰밥을 연잎에 싸서 찜솥에 20분 정도 쪄주면 연잎 향이 밴 연잎밥이 완성돼요. 연꽃으로도 차를 만들어 마셔요. 생수에 연꽃을 담아서 서늘한 곳에 하루 정도 재워두면 그윽한 연꽃 향이 나는 연꽃차가 만들어져요. 연꽃의 씨앗을 '연씨', '연밥' 또는 '연자(蓮子)'라고 불러요. 날것으로 먹을 수 있지만 쓴맛이 있어 위에 부담을 줄 수 있으므로 되도록 조리해서 먹고 많은 양을 먹는 것은 좋지 않다고 해요. '연작심'이라고 불리는 녹색 심 부분에 독성분이 있어 많이 먹으면 배탈이 날 수 있어요. 껍질에서 떫은맛이 나서 껍질을 까는데, 껍질을 깐 연밥을 한약재로 이용할 때는 '연자육'이라고 불러요. 말린 연밥을 갈아서 죽처럼 만들어 먹기도 하는데, 그것을 연자죽이라고 해요. 꽃이 워낙 크고 아름다워서 연꽃을 감상하기 위해 심는 곳도 많아요.

닮은 친구 가시연꽃, 어리연꽃

연꽃이 수련과 비슷하다 보니 연꽃을 수련과의 식물로 오해하는 분이 많아요. 하지만 연꽃은 연꽃과의 식물이고, 수련과 식물하고는 아주 멀다고 해요.

이름만 비슷한 친구로 '가시연꽃'이 있는데, 이 친구도 수련과의 식물이에요. 앞서 배운 매화마름처럼 한해살이풀인데도 멸종위기 II급식물이에요. 몸에 가시가 많아서 가시연꽃이라고 불러요.

'어리연꽃'이라는 친구도 이름에 연꽃이 들어가지만, 연꽃과가 아니라 조름나물과의 식물이에요. '어리'라는 말은 다른 식물을 흉내 내거나 비슷할 때 붙여 써요. 그런데 어리연꽃은 연꽃과 비교도 안 될 정도로 작아요.

수련과의 가시연꽃

조름나물과의 어리연꽃

연꽃 씨앗의 생명력

연꽃의 씨앗은 생명력이 길기로 유명해요. 중국에서 발견된 1,000년 묵은 씨앗이 발아한 적도 있고 일본에서는 2,000년 된 묵은 씨앗이 발아했다고도 해요. 한국에서는 2009년 5월 경상남도 함양군 성산산성의 고대 출토 현장에서 650~760년 전, 즉 고려 시대 연꽃 씨앗이 발견되었어요. 그것을 발아시켜 꽃까지 피웠으며 이름을 아라홍련이라고 붙였어요. 그 아라홍련에 이어 같은 곳에서 1,200년 전(통일신라)으로 추정되는 연꽃 씨앗 4개가 발견되어 이 중 3개를 발아하는 데 성공했다고 해요. 연꽃의 이런 생명력은 대체 어디에서 오는 건지 신기하기만 해요.

물 위에 동동 뜨는 어여쁜 각시

각시수련 (수련과)

Nymphaea tetragona var. minima (Nakai) W.T. Lee

강원도 고성군, 전북 군산, 황해도 장산곶의 오래된 호수에서 자라며
7~8월에 꽃 피는 여러해살이풀

강원도 고성군의 각시수련

'각시'는 이제 막 결혼한 여자 또는 아내를 말해요. 자그마한 여자 인형을 가리키기도 하고요. '색시'는 결혼한 여자와 결혼하지 않은 여자 모두를 가리키는 말이어서 약간 달라요.

식물 이름에 '각시'가 들어가면 대개 작고 예쁘고 귀엽다는 뜻이에요. 각시수련도 그래서 수련과 비교해 작고 귀여운 느낌의 꽃이에요. '애기수련'이라고도 하지만 단순히 크기만 작은 것이 아니라 예쁘기도 해서 각시수련이 더 잘 어울리는 이름 같아요. 워낙 드물고 오래된 연못에서만 자라다 보니 보호해 주지 않으면 안 돼요. 그런데 우리는 각시수련이 살아가는 곳을 잘 보호해 주지 못하는 것 같아요. 그래서 각시수련의 앞날은 어둡기만 해요.

녹색 꽃받침조각, 흰색 꽃잎, 노란색 수술

물속의 땅속에는 짧은 뿌리줄기가 있어요. 꽃은 긴 꽃대 끝에 1개씩 물 위에서 피어요. 지름은 3cm 내외로 작은 편이에요. 꽃받침조각은 녹색이고 4장이며 꽃봉오리를 감싸고 끝이 뾰족해요. 꽃잎은 흰색이고 12장 내외이며 몇 줄로 늘어서요. 수술은 노란색이고 여러 개예요. 암술도 노란색이에

각시수련의 꽃 구조

요. 잎은 뿌리에서 여러 장이 나요. 말발굽 모양이고 길이는 1.5~5.5cm이며 가장자리는 밋밋하고 밑부분은 화살 모양으로 돼요. 앞면은 진한 녹색이고 뒷면은 흔히 자주색을 띠어요. 잎자루는 가늘고 길어요. 열매는 둥글고 꽃받침조각이 남으며 물 속에서 익어요.

밑부분이 화살 모양인 잎

흔히 자줏빛을 띠는 잎 뒷면

물 속에 잠긴 열매

멸종위기종의 진정한 보호란?

각시수련은 우리나라에서만 자라는 한국특산식물이자 멸종위기 II 급식물이에요. 우리나라 남한에서는 자생지가 겨우 두 군데만 발견됐을 정도로 귀해요. 강원도 고성군에서 자라는 것은 전부터 알려진 사실이지만, 전북 군산시의 오래된 연못에서 발견된 것은 얼마 되지도 않았어요. 그런데 개발의 압력으로 언제 사라질지 모르는

위기에 놓인 것이 현실이에요.

강원도 고성군의 오래된 연못만 해도 그래요. 그곳은 각시수련 외에도 '통발'이라는 식물이 남한에서 유일하게 자라고, '순채' 같은 희귀 식물도 함께 자라는 곳이에요. 그 외에 잘 알려지지 않은 벌레잡이풀이 자라고 있었다는 이야기도 있어서 보호해야 할 필요성이 큰 곳이에요.

그런데도 이 연못을 보호하기는커녕 주변 땅을 아파트로 개발하면서 당연히 연못 주변을 훼손하게 되었어요. 보호한다는 이유로 목재 통행로를 놓는 바람에 더욱 습지를 훼손하고 접근하기 불편하게 만들었어요. 과연 어떻게 하는 것이 진정한 보호인지 잘 모르고 그런 것 같아서 안타까워요.

강원도 정선군 신월리에 있던 습지가 어느 순간 메워지고 공공건물이 들어서면서 그 습지에서 자라던 귀한 식물이 모두 사라졌던 일이 생각나요. 그런 일이 강원도 고성군의 습지에서도 일어나지 말라는 법이 없어요.

강원도 고성군의 오래된 연못

강원도 고성군 연못 주변에 들어선 아파트

쓰임새 여름에 꽃을 보는 식물

각시수련은 꽃이 작고 예뻐서 꽃을 보는 식물로 개발하면 좋아요. 물로 된 정원이나 작은 연못에 넣어두면 여름 동안 꽃을 볼 수 있어요.

닮은 친구 미국수련, 순채

각시수련과 비슷한 친구로 '미국수련'이 있어요. 밤에 꽃잎을 오므리는 것이 잠을 자는 것 같다고 해서 우리가 수련(睡蓮)이라고 부르는 친구가 국내에 있는 줄 알지만, 그렇지 않아요. 학자들이 조사한 결과 우리가 수련이라고 알고 있는 식물은 거의 다 미국에서 들여온 미국수련이라고 해요. 아쉽게도 수련은 하나도 없었고요. 각시수련이 자라는 강원도 고성군의 연못에도 수련처럼 보이는 꽃이 많이 떠서 피는데, 그것들도 모두 미국수련이에요.

'순채'라는 친구는 물에서 살고 잎이 말발굽 모양이라서 비슷해요. 각시수련은 잎이 둥근 편이고 순채는 타원 모양인 점으로 구분해요. 꽃은 자주

> • 우무(한천): 바다에서 사는 우뭇가사리를 녹여 만든 투명한 묵 같은 것

색이고 물 밖에서 피어요. 전체에 **우무**(한천)처럼 투명하고 물컹한 것으로 덮여 있어서 물에서 꺼내 보면 금세 알아볼 수 있어요. 순채는 고급 음식점의 전채요리로 나오기도 하지만 멸종위기 II급식물이라는 귀하신 몸이에요.

우리가 수련으로 잘못 알고 있는 미국수련

타원 모양의 잎을 가진 순채

남한에 수련은 없다

진짜 수련은 암술머리가 빨간색이라고 해요. 남한에는 없는 식물이라는 발표에 우리가 여태 잘못 알고 있었다는 사실을 알게 되었어요. 그래서 오래된 연못을 발견하면 혹시나 하는 마음에 진짜 수련이 있나 두리번거리게 돼요.

그런데 삼촌이 중국의 지린성에서 정체를 잘 알지 못하겠는 수생식물을 무작정 찍어온 적이 있어요. 각시수련도 아니고 수련도 아니어서 그게 뭘까 했는데, 나중에 보니 그것의 암술머리가 빨간 것이 진짜 수련이었어요. 사진을 찍을 당시에는 미국수련을 진짜 수련으로 잘못 알고 있었기에 진짜 수련을 보고도 몰라봤던 것이에요. 진짜 수련인 줄 진작 알았더라면 더 열심히 잘 찍어올 걸 그랬다 싶어요.

암술이 빨간색인 진짜 수련

중국 지린성의 수련 군락

물을 맑게 해줘서 고마운 풀
고마리 (마디풀과)

Persicaria thunbergii (Siebold & Zucc.) H.Gross
낮은 지대의 도랑이나 물가에서 자라며
8~9월에 꽃 피는 한해살이풀

충남 서산시 해미면의 고마리

　물을 맑게 해주는 고마운 풀이라서 고마리라고 한다는 건 엉터리 이야기예요. 고만고만한 키로 자란다고 해서 고마리라고 한다는 것도 엉터리고요. 그렇다고 아주 엉터리는 아니에요. 고마리가 물을 맑게 해주는 것은 맞고, 고만고만한 키로 자라는 것도 틀리지는 않으니까요.

　고마리는 원래 '고만이' 또는 '고만잇대'로 불렸다고 해요. 그래서 고마니 또는 고마이 같은 말에서 변했을 것이라고 해요. 하지만 정확한 유래담이 알려지지 않아 엉터리 유래담이 떠돌아요. 너무 많이 자라니까 고만 자라라는 뜻에서 고만이라고 했다는 이야기는 정말 엉터리예요. 그런 엉터리 유래담은 인제 고만하라는 뜻에서 고만이라고 하고 싶어요.

생김새 아래를 향한 가시, 모여 달리는 꽃, 화살촉 모양의 잎

줄기는 비스듬히 서고 아래쪽에서 가지가 갈라지면서 덩굴처럼 무리 지어 자라요. 줄기에는 아래를 향한 가시가 달리고 털은 없어요. 꽃은 가지 끝에 20~30개씩 모여 피어요. 흰색 또는 분홍색으로 피고, 흰색 바탕에 분홍색 무늬가 있기도 해요. 화피조각은 대개 5개이고 6개가 달리기도 해요.

고마리의 꽃 구조

수술은 8개이고 화피조각보다 짧아요. 암술대는 3개예요. 꽃자루에는 짧은 털과 샘털이 달려요. 잎은 어긋나기하고 화살촉 모양이에요. 가장자리는 밋밋하고 가운데에 짙은 녹색 무늬가 나타나기도 해요. 줄기 아래쪽 잎은 잎자루가 있으나 줄기 위쪽의 잎은 잎자루가 없어요. 잎자루 쪽에 둥글게 턱잎이 달려요. 열매는 화피조각에 싸여 세모진 달걀 모양으로 익는데, 어떤 것은 꽃처럼 보이기도 해요.

줄기의 가시와 턱잎

화살촉 모양의 잎

세모진 달걀 모양의 열매

이야기 몸 안의 정수기

조금씩 다른 색으로 피기 때문에 고마리는 사진 찍는 재미가 있는 친구예요. 흰색, 분홍색, 붉은색, 그리고 그 색들이 섞인 꽃이 다양하게 나타나요. 꽃 안쪽이 노란색을 띠는 꽃도 있어요. 물가에 피어서 다가가기가 쉽지 않지만, 우리 주변에서 흔히 만날 수 있는 친구 중 하나예요.

고마리는 그렇게 물가에 무리 지어 자라면서 납이나 카드뮴 같은 중금속을 제거해 주는 등 오염된 물을 깨끗하게 해주는 친구예요. 몸 어디에 정수기라도 한 대 갖고 있는 걸까요? 사실 고마리는 자기 몸집의 서너 배가 넘는 뿌리를 갖고 있어요.

물을 정화해 주는 고마리의 뿌리

그 뿌리로 더러운 물을 깨끗하게 걸러준다고 해요. 그러니 고마리의 몸에서 정수기를 찾으라면 뿌리라고 할 수 있어요.

하천이나 도랑 가에서 아무렇게나 자라는 고마리를 보면 저런 작은 꽃에 곤충이 오기나 할까 싶어요. 그런데 고마리의 꽃에는 의외로 많은 곤충이 날아드는 것을 볼 수 있어요. 벌 종류는 물론이고 파리 종류에 나비 종류도 곧잘 꾀는 편이에요. 설마 하는 생각에 꽃에다 코를 가져가 대 보면 향긋한 꿀 향기가 나요. 곤충들이 좋아하는 데는 다 그만한 이유가 있어요.

고마리에 날아든 양봉꿀벌

고마리에 날아든 금파리

고마리에 날아든 줄점팔랑나비

쓰임새 가축의 사료, 약재로 쓸 때는 깨끗한 것만 골라 쓰기

고마리의 어린순을 나물로 먹을 수 있다고 해요. 하지만 당연히 깨끗한 물에서 자란 것이어야 해요. 가축의 사료로는 얼마든지 쓸 수 있어요.

소변을 잘 나오게 하고, 위의 염증이나 허리 통증에 좋은 약재로 쓴다고도 해요.

하지만 고마리는 주변의 오염물질까지 흡수하므로 약으로 쓸 때도 반드시 깨끗한 지역에서 채취한 것만 사용해야 해요.

닮은친구   며느리밑씻개, 며느리배꼽

고마리와 비슷한 친구로 '며느리밑씻개'와 '며느리배꼽'이 있어요. 며느리밑씻개는 며느리를 미워하는 시어머니가 며느리밑씻개의 거칠거칠한 잎으로 밑을 닦으라고 했다는 데서 그런 험악한 이름이 붙었어요. 줄기에 갈고리 같은 잔 가시가 나 있는 건 고마리와 비슷하지만, 잎이 세모 모양인 점이 달라요.

며느리밑씻개

잎자루가 잎의 밑면 가운데에 붙음

며느리밑씻개의 잎에 잎자루가 붙은 모습

며느리배꼽

잎자루가 잎 뒷면의 배꼽 부분에 붙음

며느리배꼽의 잎에 잎자루가 붙은 모습

며느리밑씻개와 비슷한 친구가 며느리배꼽이에요. 이름도 비슷한 둘은 잎자루가 어디에 붙느냐로 아주 쉽게 구분할 수 있어요. 며느리밑씻개는 잎자루가 잎 밑면의 가운데 부분에 붙고, 며느리배꼽은 잎자루가 잎 뒷면의 배꼽 부분에 붙어요. 그래서 방패를 든 것 같아요. 잎자루가 잎의 밑면에 붙으면 며느리밑씻개, 잎의 배꼽 부분에 붙으면 며느리배꼽이라고 외우면 돼요.

수질오염은 3대 환경오염 중 가장 치명적

수질오염은 인간에 의해 저질러지는 지구의 물 자원에 대한 환경오염을 말해요. 토양 오염, 대기오염과 더불어 3대 환경오염에 속하며 가장 치명적인 오염이에요. 인간을 포함한 지구상의 모든 생물은 기본적으로 물이 있어야 살 수 있어서예요. 깨끗한 물을 마실 수 있는 인구를 포함해서 여러 처리 과정을 거쳐서 수돗물로 만들어 마실 수 있는 인구가 전 세계 인구의 겨우 10% 정도밖에 되지 않는다고 해요. 수질오염은 마실 수 있는 물을 점점 부족하게 만들어요. 인간이 앞으로도 계속 물을 오염시키면 언젠가 지구의 생태계가 한꺼번에 무너지는 날이 오고 말 거예요.

오른쪽으로 향할까, 왼쪽으로 향할까?

물옥잠 (물옥잠과)

Monochoria korsakowii Regel & Maack
전국의 습지나 논에서 자라며
8~10월에 꽃 피는 한해살이풀

충남 태안군 안면도의 물옥잠

물에서 자라고 잎이 옥잠화를 닮아서 물옥잠이라고
해요. 옥잠화는 옥잠(玉簪), 즉 옥비녀를 닮은 하얀 꽃을
피우는 친구예요. 둥글넓적한 옥잠화의 잎이 물옥잠의
잎과 비슷하다고 여긴 것 같아요.

옥잠화

물옥잠은 논이나 얕은 물을 좋아하고, 흐르는 물보다
는 고인 물에서 잘 자라요. 하천에서도 물살이 약하거
나 모래가 쌓인 곳을 좋아해요. 물에서 자라지만, 물을
이용하지 않고 곤충을 이용해서 꽃가루받이해요. 특이하게도 오른쪽과 왼쪽이 다른
두 가지 모양의 꽃으로 곤충을 유인해요. 대체 무슨 이유에서 그러는 걸까요?

<u>생김새</u>　옆을 향해 피는 꽃, 하트 모양의 잎, 암술대가 남는 열매

줄기는 곧게 서는 편이지만 스펀지 같은 구멍이 많아 쉽게 부러지는 편이에요. 높이는 20~30㎝ 정도로 자라요. 꽃은 줄기 끝에 여러 개가 모여 달리고 청보라색으로 옆을 향해 피어요. 화피조각은 6개이고 수평으로 활짝 벌어져요. 수술은 6개예요. 그중 5개는 작고 노란색이며, 나머지 1개는 크고

물옥잠의 꽃 구조

자주색이에요. 암술대는 가늘고 흰색이며 수술보다 길어요. 잎은 어긋나기하고 하트 모양이며 가장자리는 밋밋하고 끝은 뾰족해요. 잎자루는 줄기 위쪽으로 갈수록 짧아지고 밑부분이 넓어지면서 줄기를 감싸요. 열매는 달걀 모양이고 끝에 암술대가 뾰족하게 남아요.

꽃차례가 만들어지는 모습

하트 모양의 잎

달걀 모양의 열매

<u>이야기</u>　두 가지 형태의 꽃으로 꽃가루받이하기

물옥잠은 옆을 향해 피는 꽃이에요. 옆을 향해 피는 꽃은 아래를 향해 피는 꽃처럼 나비류가 오지 못하게 하는 경우가 많은데 물옥잠도 그런 것 같아요. 누구나 접근할 수 있는 방사상칭 꽃이지만 옆으로 세워놓으니 나비류가 날아와 앉기가 불편해요. 실제로 물옥잠에 날아오는 나비류를 보기가 어려워요.

옆을 향해 피는 꽃도 아래를 향해 피는 꽃처럼 꽃가루가 아래로 떨어져서 낭비가 발생할 수 있어요. 그래서 어떤 대비책이 필요해요. 물옥잠이 선택한 해결 방법은 진짜 꽃가루와 가짜 꽃가루를 구분해 놓고, 진짜 꽃가루가 든 수술을 옆으로 오게 해서 흘리지 않게 하는 것이에요. 다시 말해, 물옥잠

두 가지 형태의 꽃

은 자신의 꽃가루를 곤충에게 주는 먹이용(가짜 꽃가루)과 꽃가루받이용(진짜 꽃가루)으로 구분했어요. 먹이용 꽃가루는 열매 맺는 기능이 없는 꽃가루여서 낭비가 되어도 괜찮으므로 위에 오도록 했어요. 꽃가루받이용 꽃가루는 열매 맺는 기능이 있는 꽃가루이므로 흘리지 않게 옆에 놓이도록 했고요. 그런데 여기서 문제가 생겨요. 진짜 수술이 옆에 놓이다 보니 어느 한 방향에만 진짜 수술이 놓이는 꽃만 만든다면 곤충 몸의 한쪽에만 꽃가루가 묻으므로 반대편의 암술에 꽃가루가 옮겨지기 어려워요. 그래서 물옥잠은 진짜 수술의 위치에 따라 암술의 위치를 오른쪽 또는 왼쪽에 있는 두 가지 형태의 꽃을 만들어서 피어요. 꽃가루를 아끼고 꽃가루받이 확률을 높이기 위한 물옥잠만의 방법이에요. 그것을 아는지 모르는지 양봉꿀벌은 꽃밥의 꽃가루에만 집착해요. 그래서 물옥잠의 꽃가루받이에 큰 도움이 되지는 못하는 것 같아요. 사실 양봉꿀벌은 주둥이가 길지 않아 물옥잠의 꿀을 먹을 수 없어요. 등에 종류도 꽃가루만 탐하므로 꽃가루받이에 도움이 되지 않아요.

벌 중에서도 호박벌이나 흰줄벌처럼 주둥이가 길어서 물옥잠의 꿀을 먹을 수 있는 종류가 물옥잠의 꽃가루받이에 큰 도움을 주는 것 같아요. 흰줄벌이 물옥잠의 꽃에 접근하면 붙잡을 것이 마땅치 않아요. 그래서 암술과 수술 모두를 끌어안아 꽉 붙잡은 상태에서 수술 사이로 주둥이를 넣어 꿀을 먹어요. 그 과정에서 자연스레 암술 또는 진짜 수술을 건드리게 돼요. 당연한 얘기지만 같은 물옥잠이라고 해도 꽃가루받이를 잘 돕는 곤충이 많은 곳에서 사는 물옥잠일수록 열매 맺을 가능성이 커요.

주둥이가 짧아 물옥잠 꽃밥 꽃가루에만
집착하는 양봉꿀벌

조심스레 물옥잠의 꽃가루를 탐하는
호리꽃등에

물옥잠의 꽃에서 꿀을 빠는 호박벌(여
왕벌)

주둥이가 긴 흰줄벌은 물옥잠의 꿀을
먹을 수 있다

암술과 수술을 붙잡고 꿀을 빠는 흰줄
벌(이때 꽃가루받이가 된다)

큰턱으로 문 채 제 몸의 꽃가루를 모으
는 행동을 하는 흰줄벌

흰줄벌이 물옥잠의 꽃에서 꿀만 얻어가는 건 아
니에요. 자연스럽게 몸에 묻은 꽃가루를 나중에
한데 모으는 행동을 해요. 다른 식물의 잎이나 나

> • 큰턱 : 곤충과 같은 절지동물의 입에서 작
> 은턱과 연결된 제1쌍의 커다란 턱

뭇가지를 **큰턱**으로 문 상태에서 제 몸에 묻은 꽃가루를 모으는 모습이 정말 재미있
어요.

<u>쓰임새</u> 꽃을 보는 식물

어린잎을 먹기도 하지만 물옥잠은 꽃이 크고 아름다워서 원예품종으로 개발하면
좋아요. 고인 물에서 잘 자라므로 정원의 작은 연못에 심으면 좋아요.

닮은 친구 **물달개비**

물옥잠과 가장 닮은 친구는 '물달개비'예요. 비슷하게 생겼지만, 물달개비는 전체적으로 작고 물가까운 낮은 곳에서 꽃이 피는 점이 달라요. 꽃차례가 잎겨드랑이에 짧게 달리는데, 꽃이 잘 벌어지지 않거나 반 정도만 벌어져서 활짝 핀 모습을 보기 어려워요. 잎이 길쭉한 점도 달라요.

물옥잠보다 전체적으로 작은 물달개비

물보다 곤충을 이용하는 이유

물에서 자라는 식물 중에는 검정말처럼 물을 이용해서 꽃가루받이하는 친구도 있어요. 하지만 많은 수의 식물이 물보다 곤충을 이용해요. 물을 이용하는 것보다 곤충을 이용할 때 성공 확률이 높으니까요. 대신 곤충이 활동하는 낮에만 꽃을 피워요. 그래서 물에서 자라고 곤충을 이용하는 식물은 밤에 꽃잎을 닫기 때문에 잠자는 것처럼 보여요.

오후 3시 30분의 약속
대청부채 (박주가리과)

Iris dichotoma Pall.
서해안 섬의 볕이 잘 드는 해안가에서 자라며
8~9월에 꽃 피는 여러해살이풀

경기도 포천시 국립수목원의 대청부채

인천광역시 옹진군 대청도에서 자라고 잎이 범부채를 닮아서 대청부채라고 해요. 대청도를 지도에서 찾아보면 남한보다 북한이 더 가까운 곳이라는 사실을 알 수 있어요. 중국에서도 그리 멀지 않아서, 새나 커다란 바람에 의해 중국 땅에서 씨가 날아올 가능성도 있어 보여요.

그런데 대청부채는 여느 꽃과 달리 오후 3시부터 피기 시작해요. 아침부터 피는 꽃은 대개 햇빛에 반응해서 피는데, 대청부채는 햇빛이 점점 약해질 무렵부터 피는 것이니 신기해요. 늦게 피는 것도 신기하지만, 정확하게 시간을 알고 피는 것이 더 신기해요. 배가 고프면 울리는 배꼽시계가 우리 몸에 있듯이 대청부채도 꽃 피는 시각을 알리는 시계가 몸속 어디에 있는가 봐요.

202

<u>생김새</u> 바깥쪽 화피 3개, 안쪽 화피 3개, 부채 같은 잎, 타원 모양의 열매

황백색의 수염뿌리가 있어요. 줄기는 약간 분백색이 돌아요. 줄기 끝에 2개씩 갈라진 가지마다 분홍색을 띤 보라색 꽃이 피어요. 보통 오후 3시경부터 피기 시작해서 저녁이면 오므라들어요. 바깥쪽 화피는 3개이고 넓적하며 중간 부분에서 수평으로 펼쳐지며 흰색 바탕에 보라색 반점이 있어서

암술대는 바깥쪽 화피를 따라 **3갈래로 갈라짐, 끝은 2갈래,** 수술이 뒤쪽에 숨겨져 있음

안쪽 화피는 **3개,** 주걱 모양

바깥쪽 화피는 **3개,** 흰색 바탕에 보라색 반점

대청부채의 꽃 구조

곤충에게 꿀의 위치를 알려줘요. 안쪽 화피는 3개이고 주걱 모양이에요. 암술대는 바깥 화피를 따라 깊게 3갈래로 갈라지고, 각 갈래조각은 끝이 2갈래로 갈라져요. 수술은 암술대 뒤에 숨겨져 있어요. 잎은 어긋나기하고 기다란 선 모양이며 2줄로 안듯이 배열해요. 열매는 타원 모양이고 익으면 위쪽이 3갈래로 갈라져요.

암술대 뒤에 숨겨진 수술의 꽃밥

2줄로 안듯이 달리는 잎

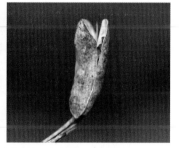

위쪽이 3갈래로 갈라진 열매

<u>이야기</u> 생물시계, 오후에 피는 꽃

대청부채는 우리나라 자생지에서는 오후 3시 30분 전후로 피기 시작해요. 내륙에 심은 곳에서는 오후 3시 전후로 피기 시작하고요. 30분이라는 시간 차이가 왜 생기는 것인지 잘은 모르겠지만 햇빛, 기온, 습도 같은 것과 큰 관련이 있어 보이지는 않아요. 쨍한 날이건 비가 오는 날이건 볕이 없어 흐린 날이건 관계없이 대청부채는

약속이라도 한 것처럼 꽃봉오리를 여니까요. 몸에 시계라도 있는 것 같죠? 그런 것을 '생물시계(biological clock)'라고 해요. 대청부채는 생물시계를 지닌 꽃으로 잘 알려졌어요. 사실 생물시계는 우리 인간을 비롯해 많은 동식물이 지니고 있어요. 대청부채가 특이한 이유는, 아침도 아니고 밤도 아닌 늦은 오후 시간대에 핀다는 점이에요. 햇빛 같은 요인에 의한 반응이 아니라 체내에 갖춰진 무엇에 의해 작동하는 생물시계예요.

빗속에서도 시간 맞춰 꽃 피는 모습

잘린 상태에서도 꽃 피는 모습

그래서 꽃줄기를 잘라서 물컵에 꽂아 어두운 방에 놓아두어도 오후 늦게 꽃이 피어요. 다음날에 또 다른 꽃을 피워내는 것도 잊지 않고요. 시간을 딱딱 맞춰서 피지는 못했지만, 잘라서 어두운 곳에 두었는데도 어디에서 에너지를 얻어 어떻게 시간을 알고 피는 건지 신기하기만 해요.

대청부채도 붓꽃처럼 꿀이 바깥쪽 화피의 안쪽에 있어요. 그래서 꿀을 먹으러 온 곤충이 바깥쪽 화피와 암술대 사이로 몸을 집어넣을 때 머리나 등 쪽에 꽃가루가 묻게 돼요. 대청부채에는 실로 다양한 곤충이 방문해요. 긴 주둥이로 꿀만 먹고 가는 나비류는 별로 도움이 되지 못하겠지만, 큰줄흰나비 같은 것은 머리를 디밀고 꽃 안으로 들어가기도 해요. 양봉꿀벌 외에 홍조배벌이나 큰호리병벌 같은 벌도 와요. 육식성으로 알려진 말벌도 대청부채의 꽃을 들락거려요. 당연히 뒤통수에 샛노란 꽃가루를 묻히고 가고요. 꼬마장수말벌도 대청부채의 꽃을 좋아하는 편이에요. 꽃가루받이가 잘 일어나려면 호박벌이나 어리호박벌처럼 체구가 큰 곤충이 좋아요. 힘 좋고 성질 급한 어리호박벌은 아직 피지도 않은 꽃봉오리로 가서 극성을 부리며 힘으로 꽃을 열어젖히기도 해요.

큰줄흰나비

홍조배벌

큰호리병벌

말벌

그런데 몸집이 아주 작은 파리류의 행동을 보면 바깥쪽 화피의 경사진 부분을 핥아요. 미끄러져서 들어가기 좋게 생긴 그 경사진 부분은 색깔도 약간 달라요. 혀로 핥아보면 역시나 단맛이 느껴져요. 파리가 먼저 핥은 것을 삼촌이 핥은 셈이에요. 그런데도 좀 더 깊은 안쪽을 맛보면 역시나 그곳이 경사진 부분보다 다섯 배 이상 강한 단맛이 느껴져요. 파리의 몸에는 1,941,000가지 세균이 있고 65가지 병을 옮긴다는 글이 생각나서 기분이 좀 이상하지만 말이에요.

꼬마장수말벌

호박벌

어리호박벌

뚱보기생파리

쓰임새　꽃을 보는 식물

대청부채는 분홍색 꽃이 아름다워 꽃을 보는 식물로 화단이나 정원에 많이 심어요. 요즘은 어지간한 식물원이나 수목원에는 다 있어요.

닮은 친구　범부채

대청부채와 가장 많이 닮은 친구는 '범부채'예요. 잎과 줄기는 거의 똑같고, 대신 꽃은 주황색이고 안쪽에 호랑이 무늬 같은 것이 있어서 사뭇 달라요. 꽃을 보려고 화단이나 정원에 많이 심는 친구 중 하나예요.

대청부채와 닮은 범부채

그거 알아요?

중국에서는 내륙에서 자란다고?

대청부채는 우리나라에서는 대청도의 바닷가에서 자라요. 최근에는 충남의 어느 무인도에서도 발견되었다고 해요. 그래서 바닷가를 좋아하는 친구인가 보다 싶지만, 중국에서는 내륙에서 자란다고 해요. 그래서 대청부채는 중국에서 씨가 날아와 우리나라 서해 섬에서 자라게 된 것으로 보여요.

대청부채가 자라는 인천광역시 옹진군 대청도

짠물 머금은 갯벌의 약초
퉁퉁마디 (명아주과)

Salicornia europaea L.
바닷가 갯벌에서 자라며
7~10월에 꽃 피는 한해살이풀

경기도 안산시 대부도의 퉁퉁마디

퉁퉁마디는 마디가 퉁퉁하게 튀어나왔다고 해서 붙여진 이름이에요. 하지만 마디가 퉁퉁하다니 좀 이상하죠? 마디는 오목한데 말이에요. 마디가 퉁퉁한 것이 아니라 마디와 마디 사이가 퉁퉁한 거예요. 퉁퉁한 줄기가 마디마다 나타난다고 이해하면 될 것 같아요. 운동을 열심히 한 사람의 팔뚝처럼 건강미를 자랑하면서 바닷물이 드나드는 곳에서 무리를 지어 자라요.

갯벌에서 자라는 식물 중 유일하게 재배하는 친구가 퉁퉁마디예요. 약초로 쓰는 식물이라서 그래요. 짠맛만 있는 줄 알았는데 다른 성분이 있어서 사람한테 좋다 보니 갯벌에서 약으로 재배하는 거예요. 저 울퉁불퉁한 근육질 몸에 어떤 성분을 머금고 있기에 그런지 함께 알아보기로 해요.

<u>생김새</u> 통통한 가지, 나무 같은 줄기, 퇴화한 잎, 작은 꽃

줄기는 곧게 서고 마디마다 통통한 가지가 갈라
져요. 줄기의 아래쪽이 나중에는 나무처럼 돼요.
가지는 처음에는 녹색이다가 가을이면 대개 붉은
색으로 변해요. 꽃은 위쪽 가지에서 양쪽 비늘잎
의 겨드랑이 홈 속에 3개씩 달려요. 3개의 꽃 중
가운데 것이 제일 커요. 화피는 주머니 모양이고

통통마디의 꽃 구조

가장자리가 날개처럼 되어 열매를 감싸요. 수술은 2개이고 화피 밖으로 노란 점처럼
나와요. 암술대는 1개이고 짧으며 2갈래로 갈라져요. 잎은 마디의 위쪽에서 마주나
기하며 비늘조각 모양으로 퇴화한 모습이에요. 열매는 납작한 달걀 모양이에요.

점처럼 보이는 수술

나무처럼 된 줄기

열매 속에 든 씨

<u>이야기</u> 바닷가 갯벌의 약초

갯벌에서 자라는 식물은 당연히 몸에 짠맛이 배어 있어요. 통통마디도 뜯어 먹어
보면 바닷물처럼 짠맛이 나요. 그런데 소금처럼 쓴맛이 나면서 짠 것이 아니라 약간
단맛이 나면서 짜요. 그래서 삼촌도 바닷가에 가면 습관처럼 통통마디를 뜯어 먹어
보곤 해요. 그때는 몰랐는데 나중에 보니 통통마디는 여러 작용을 하는 갯벌의 약초
였어요.

일단, 퉁퉁마디는 우리 몸속에 오래도록 남아 있는 변 성분을 몸 밖으로 내보내 장을 깨끗하게 해준다고 해요. 게다가 피를 맑게 하며 피부를 곱게 하는 효과도 있다고 해요. 최근에는 고혈압과 당뇨에 좋다는 소문이 나면서 바닷가 갯벌에서 재배하는 곳이 많아지기도 했어요. 계절에 따라 맛이 다르고 약효도 다르다고 하니 채취하는 시기를 잘 정해야 해요. 특이한 생김새만큼이나 여러모로 재미있는 친구가 퉁퉁마디 예요.

쓰임새   함초라는 이름의 약초

퉁퉁마디는 짠맛이 강해 '함초(鹹草)' 또는 '염초(鹽草)'라는 이름의 약초로 인기가 높았어요. 그래서 퉁퉁마디라고 하면 잘 모르겠다는 분도 함초라고 하면 안다는 경우가 많아요. 나물로 먹기도 하고, 음식의 간을 맞출 때 간장이나 소금 대신 쓰기도 해요. 생즙을 내어 먹으면 변비 치료나 장 청소에 좋다고 해요. 가루를 내서 쓰기도 하는데, 말린 것이 생즙보다 효과가 약하다고 해요.

6월의 퉁퉁마디

10월의 퉁퉁마디

<u>닮은 친구</u> 칠면초, 해홍나물, 나문재

바닷가 갯벌에서 퉁퉁마디와 가장 비슷한 친구는 '칠면초'예요. 일곱 가지 색으로 변한다는 뜻이 아니라 칠면조 얼굴처럼 붉어진다고 해서 붙여진 이름이에요. 가지가 짧고 통통해서 퉁퉁마디와 아주 비슷해요. 퉁퉁마디는 처음에 대개 초록색이다가 가을이 되면 붉은색으로 변해요. 물론, 덜 변하는 것도 있고요. 칠면초는 처음에 새싹이 붉은 자줏빛을 띠다가 여름에 녹색으로 변하고 가을이면 다시 빨간색으로 바뀌어요. 갯벌에서 자라는 식물 친구들은 소금 성분을 얼마나 갖고 있는가에 따라 색깔이 조금씩 다르다고 해요. 즉, 계절의 영향보다 갯벌의 소금 성분의 영향으로 색이 빨갛게 변해요.

가지가 짧고 통통한 칠면초

칠면초 군락(경기도 화성시 제부도)

칠면초와 비슷한 친구를 찾자면 '해홍나물'이 될 거예요. 해홍나물은 칠면초보다 가지가 더 많이 갈라지면서 잎의 수가 많고 길이도 길어요. 그래서 그 모습이 빗지 않아 헝클어진 머리 같아요. 해홍나물도 가을에 붉게 물드는데 칠면초만큼 새빨간 건 아니고 퉁퉁마디 정도로 적당하게 물들어요.

해홍나물과 비슷하지만, 더 크고 아름다운 친구가 '나문재'예요. 나문재는 솔잎 모양의 촘촘한 잎이 달리면서 마치 새색시가 화장한 것처럼 잎과 줄기에 분홍빛에 가까운 붉은색이 돌아요. 그러다 가을이 되면 해홍나물과 비슷해져요. 그래도 별 모양의 열매를 보면 금세 나문재라고 알아볼 수 있어요.

잎이 길쭉하고 가지가 퍼져 자라는 해홍나물

헝클어진 머리 같은 해홍나물 군락

키가 크고 잎이 분홍색으로 물드는 나문재

나문재의 별 모양의 열매

그거 알아요?

염생식물

염분, 즉 소금 성분이 많은 곳에서 자라는 식물을 '염생식물(鹽生植物)'이라고 해요. 바닷가의 모래땅이나 갯벌 주변에서 자라는 식물이 대개 다 염생식물이에요. 먹는 음식이나 공업용으로 사용한 것에서 벗어나 요즘은 다양한 분야에서 활용되고 있어요. 특히 소금 성분에 저항성이 강하고 건조에도 강한 특성을 이용해 지구온난화를 대비한 여러 연구가 꾸준히 진행되고 있어요.

평생 바다만 보고 살아도 좋은 들국화

해국 (국화과)

Aster spathulifolius Maxim.
중부 이남의 바닷가 암벽이나 산지에서 자라며
7~11월에 꽃 피는 여러해살이풀

울산광역시 동구 대왕암공원의 해국

바다를 좋아하는 사람들은 평생 바다만 보고 살면 좋겠다는 상상을 해요. 바다가 늘 그렇게 낭만적인 공간이 아닌 줄 알면서도 말이에요. 그런 사람은 꼭 해국을 닮았다는 생각이 들어요.

해국(海菊)은 바닷가에서 자라고 국화를 닮아서 이름 붙여진 친구예요. 흔히 바닷가의 들국화로 불려요. 바닷가는 수시로 밀려오는 소금 성분과 세찬 바람을 견뎌야 해서 식물이 살아가기에 그리 좋은 장소는 아니에요. 하지만 그래도 평생 바다를 바라보면서 살 수 있기에 바다를 좋아하는 사람들이 부러워해요. 그런 사람들을 보면서 해국은 어떤 생각을 할까요? 평생 바다만 보고 살아야 하는 제 운명이 지긋지긋하다고 할지도 모르겠어요.

생김새   방사상칭 꽃, 샘털 많은 두꺼운 잎

줄기는 아래쪽에서 갈라져 나와 비스듬히 자라
요. 흔히 밑부분이 나무처럼 되는 편이에요. 특히
절벽에서 자라는 해국일수록 나무 성질을 많이 띠
어요. 전체적으로 부드러운 털과 샘털이 많아요.
바닷바람을 이겨내기 위해 그런 털을 갖게 된 것
같아요. 꽃은 줄기와 가지 끝에 머리모양꽃차례로

해국의 꽃 구조

1개씩 달리며 대개 연한 보라색이고 드물게 흰색으로 피는 것도 있어요.

꽃차례의 가장자리에 혀모양꽃이 달리고 가운데에 노란색의 관모양꽃이 달려요.
혀모양꽃은 암꽃이어서 암술부터 자라요. 관모양꽃은 수술이 먼저 자라고 나중에 그
사이에서 암술이 자라는 방식으로 제꽃가루받이가 되는 것을 피해요.

총포는 3줄로 붙어요. 줄기 아래쪽의 잎은 방석 모양으로 모여나기하듯 달리고,
줄기 쪽에 달리는 잎은 어긋나기해요. 가장자리에 큰 톱니가 있거나 밋밋해요. 열매
에는 갈색의 우산털이 달려요.

흰색 꽃

부드러운 털과 샘털이 많은 잎

줄기와 잎의 샘털

이야기 가을 바다는 나의 것!

봄부터 이어진 꽃의 향연도 가을이 깊어지면 모두 끝나고 말아요. 그 아름답던 꽃들이 자신들의 빛을 잃고 사라져 가는 길목에 그제야 절정을 맞이하는 꽃이 있으니 바로 해국이에요. 해국은 모든 꽃이 한 해를 마치고 내년을 준비하려는 때에 피기 시작해요. 경쟁 상대인 꽃들이 거의 다 지고 없을 때 피면 꽃가루받이를 돕는 곤충을 독점할 수 있어 좋거든요. 그 장점을 아는 해국은 끝까지 기다렸다가 가을의 마지막쯤에 꽃을 환히 피워요. 그래서 해국의 꽃에 많은 곤충이 날아들어요. 해국의 꽃차례도 방사대칭 구조여서 사방 어디서든 곤충이 접근할 수 있어요.

> • 해양성기후 : 바다의 영향으로 일교차가 적고 계절에 따른 변화도 적은 기후
> • 대륙성기후 : 육지의 영향으로 일교차가 크고 계절에 따른 변화도 큰 기후

이렇게 늦게 꽃 피는 방법은 바닷가에서 자라는 식물이 하기 좋아요. 바닷가는 **해양성기후**가 나타나는 곳이다 보니 하루의 기온 차(일교차)가 적고 계절에 따른 변화도 적어요. 즉, 내륙과 비교해 여름에는 서늘하고 겨울에는 따뜻한 편이에요. 그래서 울릉도나 제주도에서 자라는 해국은 거의 1년 내내 꽃 피는 모습을 볼 수 있어요. 해양성기후의 정반대인 **대륙성기후**는 육지의 영향을 받아 하루의 기온 차(일교차)가 크고 계절에 따른 변화도 커요. 우리나라는 삼면이 바다로 둘러싸인 반도 국가면서도 산이 많은 특징 때문에 대륙성기후와 해양성기후가 함께 나타나요.

해국에 온 작은멋쟁이나비

해국에 온 좀털보재니등에

해국에 온 네발나비

이렇게 다양한 기후조건에서는 그에 맞는 다양한 식물이 자라기 좋아요. 활용만 잘하면 모두 우리의 자원으로 삼을 수 있어요.

쓰임새　꽃을 보는 식물

해국은 꽃이 크고 아름다운 데다 꽃 피는 기간이 길고 오래 가므로 꽃을 보는 식물로 화단이나 정원의 바위틈에 많이 심어요. 그러면 꽃이 적어 심심할 수 있는 늦가을에 활력을 불어넣어요.

닮은 친구　왕해국

우리나라 동해의 섬 울릉도는 내륙에서 멀리 떨어진 곳이다 보니 내륙에서 자라는 것과 달라진 식물이 많아요. 그래서 울릉도에서 자라는 것이 해국과 많이 달라서 한때 '왕해국'이라는 이름으로 구분해서 불렀어요. 그랬다가 지금은 그것을 해국과 같은 것으로 보게 되었어요. 하지만 아무리 봐도 삼촌 눈에는 많이 달라 보여요. 울릉도의 왕해국은 잎이 크고 넓으며 샘털이 거의 없거든요. 울릉도의 식물은 이렇게 내륙의 것과 같다 다르다를 반복하며 아직도 많은 연구와 논란의 대상이 되고 있어요.

울릉도의 왕해국

줄기 아래쪽이 목질화한 모습

나무가 될 수 있다

해국의 줄기는 아래쪽이 나무처럼 되는 현상이 잘 생겨요. 바닷가에서 자라다 보니 겨울에도 줄기가 죽지 않고 살아남아 몇 해씩 견디면서 나무처럼 굵고 단단해져요. 특히, 벼랑에서 자라는 것이 그렇고 싹이 돋기도 해요. 해국뿐 아니라 국화과 식물은 그런 성질이 많아요. 그래서 그러한 성질을 잘 이용해서 분재로 만들기도 해요.

바닷가 바위틈에 핀 해국

갈대 _(벼과)

Phragmites australis (Cav.) Trin. ex Steud.
전국의 습지나 냇가에서 자라며
9~10월에 꽃 피는 한해살이풀

경기도 화성시 마도면 남양천의 갈대

    갈대는 옛 자료에 '노관(蘆管)'이라는 한자로 기록했어요. 그래서 속이 빈 것이 대나무 또는 대롱을 닮았다고 해서 붙여진 이름으로 추측해요. 그렇게 볼 필요 없이, 식물의 줄기를 '대'라고 하므로 '갈+대'로 봐도 돼요.

    그런데 '갈'의 정확한 뜻은 알기 어려워요. 갈대가 가을에 꽃 피므로 가을의 준말인 '갈'로 풀이해서 '가을에 꽃 피는 줄기'로 보기도 해요. 확실한 증거 자료가 없어서 그렇지, 아주 엉터리는 아니에요. 갈대의 꽃을 갈꽃이라고 부르는 것도 비슷한 이치 같고요. 갈대와 많이 닮은 달뿌리풀을 전에는 '달'이라고 불렀는데, 어쩌면 비슷한 발음으로 부르던 말이 기록하면서 달라진 건 아닐까 싶어요. 흔들리는 갈대의 마음처럼 알다가도 모르겠는 것투성이에요.

생김새 길게 뻗는 뿌리줄기, 원뿔 모양의 꽃차례, 바람에 날리는 꽃가루

땅속으로 굵은 뿌리줄기가 길게 뻗으면서 자라
요. 마디에는 털이 없거나 약간 있고 속은 비어 있
어요. 꽃은 이삭 모양의 꽃차례가 전체적으로 원
뿔 모양을 이뤄서 피어요. 대개 붉은색에서 붉은
갈색으로 변해요. 작은 꽃에는 암술과 수술이 함
께 달려요. 갈대를 포함한 벼과 식물은 대개 바람
으로 꽃가루받이해요. 그래서 바람에 꽃가루를 날
리기 좋게 수술대가 길어요. 잎은 2줄로 어긋나기
하고 긴 선 모양이며 끝이 아래로 처져요. 줄기를
감싸는 잎의 밑부분을 **잎집**이라고 해요. 이 잎집

- 잎집 : 잎의 자루 부분이 칼집 모양으로 되어 줄기를 싸는 것
- 잎혀 : 잎집과 잎몸의 경계 부분에 있는 얇은 막으로 된 돌기

갈대의 꽃 구조

의 맨 위쪽을 **잎혀**라고 하는데, 거기에 짧은 털이 있고 가장자리에는 긴 털이 달려
요. 열매차례도 원뿔 모양이며 열매는 열매껍질에 싸여요.

잎집과 잎혀

원뿔 모양의 열매차례

열매껍질에 싸인 열매

이야기 엄마야 누나야

시 〈진달래꽃〉으로 유명한 김소월 시인은 우리 민족의 정서를 매우 잘 읊은 시인
이에요. 그가 쓴 시 중 다음의 짧은 동요 같은 시가 있어요.

<엄마야 누나야>

엄마야 누나야 강변 살자

뜰에는 반짝이는 금모래 빛

뒷문 밖에는 갈잎의 노래

엄마야 누나야 강변 살자

짧지만 노래로도 유명하고 정말 많은 이야기가 담긴 시(詩)예요. 이 시에 나오는 '갈잎'을 사전에서 찾아보면 '가랑잎(활엽수의 마른 잎)의 준말 또는 떡갈나무의 잎'이라고 나와요. 하지만 그것은 잘못된 설명이에요. 가랑잎은 넓은잎나무(활엽수)의 잎이 단풍 들면서 떨어진 것을 말하고, 갈잎은 바늘잎나무(침엽수)의 잎인 솔잎이 단풍 들면서 떨어진 것을 말해요. 그러니 가랑잎과 갈잎은 엄연히 다른 말이에요. '송충이는 솔잎을 먹어야지 갈잎을 먹으면 죽는다'는 속담에 갈잎의 뜻이 잘 나타나요. 이 속담에서 솔잎은 살아있는 침엽수의 잎을 가리키고, 갈잎은 떨어져서 못 먹게 된 침엽수의 잎을 가리켜요.

떡갈나무를 가랑잎나무라고 하는 건 떡갈나무가 가장 대표적인 활엽수(넓은잎나무)여서 그런 것 같아요. 그래도 갈잎과는 멀어요. 어쨌든 김소월 시인의 시 <엄마야 누나야>에 나오는 갈잎은 활엽수의 마른 잎(가랑잎)도 아니고 떡갈나무 잎도 아니며, 침엽수가 단풍 들면서 떨어진 것도 아니에요. 강변에서 같이 살자고 노래하는 시인이 갑자기 활엽수의 마른 잎(가랑잎)이나 떡갈나무의 잎 또는 침엽수의 떨어진 잎(갈잎)을 넣어 '갈잎의 노래'라고 표현할 이유가 없어요.

강변의 갈대

강변에서 흔히 보게 되는 갈잎은 당연히 갈대의 잎이에요. 금모래로 반짝이는 앞뜰은 눈에 보이는 공간이고 갈대의 잎이 노래하는 뒷문 밖은 소리가 들리는 공간이에요. 그런 자연으로 둘러싸인 강변에서 평화롭게 살고 싶어 하는 시인의 마음이 잘 담겼어요.

쓰임새 노화라는 이름의 약재

갈대는 피를 멈추게 하고 설사를 치료해 주며 독성을 풀어주는 효능이 있어서 예로부터 '노화(蘆花)'라는 이름의 약재로 썼어요. 뿌리를 이용할 때는 '노근(蘆根)'이라고 해요. 갈대는 성질이 찬 편이어서 몸에 열이 많은 사람한테는 좋겠지만, 평소에 아랫배가 차갑고 소화가 잘되지 않는 사람은 탈이 날 수 있다고 해요. 무엇이든 함부로 쓰는 것은 좋지 않아요.

물을 맑게 하거나 인공 습지 조성용으로 갈대를 무리 지어 심기도 해요.

닮은친구 달뿌리풀

갈대와 아주 비슷한 친구로 '달뿌리풀'이 있어요. 달뿌리풀은 갈대와 너무나도 비슷해서 구분하기 어려워요. 갈대는 꽃차례와 열매차례가 풍성한데 달뿌리풀은 엉성하고 많이 달리지 않아요. 무엇보다도 갈대는 뿌리가 땅속으로 뻗어가는데 달뿌리풀은 땅 위로 뻗어가는 줄기가 있고 마디에 털이 있으며 땅에 닿는 곳마다 뿌리를 내리는 점으로 구분해요.

갈대보다 꽃차례가 엉성한 달뿌리풀

달뿌리풀의 기는줄기와 마디의 털

수질 정화의 원리

갈대는 물을 깨끗하게 해주는, 즉 수질 정화에 탁월한 효과를 보이는 친구예요. 그 원리는 다음과 같아요.

우선, 기본적으로 대부분 식물의 뿌리가 질소와 인을 흡수해요. 또한 갈대 사이로 물을 흐르게 하면 속도가 느려지면서 물속의 찌꺼기가 자연스럽게 바닥으로

갈대밭

가라앉아요. 그리고 갈대의 줄기나 뿌리에 오염물질이 붙으면 습지에 사는 미생물이 분해해서 물이 깨끗해져요. 이렇게 수생식물을 이용해 물을 깨끗하게 하는 것은 친환경적인 방법이어서 더 많은 연구가 진행되고 있어요.

넷째 마당

심어 기르는 곳에서
만나는 풀꽃 친구

유채 (십자화과)

Brassica napus L.
남부지방의 밭에 심으며
2~10월에 꽃 피는 두해살이풀

제주도 서귀포시 성산읍의 유채

유채(油菜)는 기름 채소(또는 나물)라는 뜻의 이름이에요. 유채의 씨로 기름을 짜서 쓰거든요. 유럽의 지중해에서 재배하던 식물이고, 우리나라에 들어온 지 오래된 편이에요. 대개 남부지방에서 많이 심어요.

우리나라의 봄은 제주도에서 시작되고 제주도의 봄은 유채에서 시작된다는 말이 있어요. 그 정도로 유채는 제주도의 봄을 상징하는 꽃이에요. 같은 노란색이더라도 유채는 형광이 나는 노란색이어서 시선을 더 끌어요. 제주도 유채의 샛노란 물결은 겨울 추위가 물러가지 않아 꽃소식이 그리운 중부지방 사람들에게는 너무나도 부러운 풍경이에요. 제주도가 워낙 따뜻하다 보니 요즘은 유채씨를 가을에 뿌려 1월부터 꽃을 볼 수 있게 하는 곳이 많아졌어요.

생김새   4개의 꽃잎, 6개 중 4개가 긴 수술, 귓불처럼 줄기를 감싸는 잎

줄기는 여러 갈래로 갈라져요. 꽃은 줄기와 가지 끝에 달리는 꽃차례에 노란색으로 피어요. 꽃잎은 4개이고 둥글넓적해요. 꽃받침조각은 4개이고 길쭉해요. 수술은 6개인데, 그중 4개가 길고 2개는 짧아요. 암술은 1개예요. 잎은 넓고 가장자리에 톱니가 있으며 앞면은 녹색이고 뒷면은 분가루

유채의 꽃 구조

가 묻은 것처럼 흰빛을 띠어요. 줄기 위쪽으로 갈수록 잎의 크기가 작아지고 잎자루가 짧아지면서 잎의 밑부분이 귓불처럼 넓어져서 줄기를 감싸는 점이 특징이에요. 줄기 아래쪽에 달리는 잎은 깃 모양으로 갈라져요. 열매는 기둥 모양이에요.

줄기를 감싸는 잎

깊게 갈라지는 줄기 아래쪽의 잎

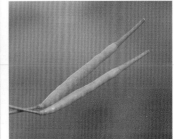

기둥 모양의 열매

이야기   먹어도 될까?

유채의 씨에서 기름을 짜서 쓰기 시작한 지는 오래되었어요. 20세기에 들어서는 증기기관의 윤활유로 쓰려고 유채를 널리 재배했어요. 2차 세계대전 후에는 증기기관이 디젤엔진으로 대체되면서 유채의 기름을 먹는 기름으로 쓰려는 연구가 진행되었어요. 유채의 기름에는 사람 몸에 좋지 않은 성분이 있어서 그대로 먹을 수는 없거든요. 그래서 1970년경에 캐나다에서 좋지 않은 성분이 거의 없는 유채 품종을 만들

어냈어요. 그 품종에서 짠 기름에 '캐나다산'을 뜻하는 Canadian, '기름'을 뜻하는 oil, '적은'을 뜻하는 low, '산성'을 뜻하는 acid의 앞 글자를 따서 캐놀라(Canola)라는 상표 이름을 붙였는데, 이것이 나중에 유채 기름을 뜻하는 말로 굳어졌어요.

그런데 유채 기름에 있던 좋지 않은 성분을 줄인 방법이 **유전자 조작**이라는 데 문제가 있었어요. 유전자 조작을 가한 **유전자변형식품**(GMO)이라는 사실로 인해 먹어도 된다, 안 된다, 하는 논란이 지금

> • 유전자 조작: 생물체의 유전 물질을 의도적으로 변형하는 것
> • 유전자변형식품: 생산성이나 질을 높이려고 유전 물질을 조작해 만든 식품

까지도 이어져요. 그 외에도 캐놀라 기름의 몇 가지 단점에 관한 연구 결과도 있기에 앞으로도 캐놀라 기름에 대한 논란은 계속될 것 같아요. 그래서 유채 기름을 공업용으로만 쓰고, 유채의 꽃은 꿀을 모으거나 관람용으로 쓰는 것을 권장하는 편이에요.

<u>쓰임새</u> 김치, 나물, 꿀을 모으는 식물, 기름, 꽃을 보는 식물

유채는 꽃 피기 전의 줄기와 잎으로 김치를 담가 먹어요. 아삭한 식감과 특유의 맵싸한 향기가 있는 것이 갓김치와 비슷해요.

나물로 만들어 먹기도 해요. 끓는 물에 데치자마자 찬물에 헹구면 푸릇한 색감이 살아나고 아삭한 식감도 그대로예요. 보통은 된장으로 양념해서 먹는데, 입맛에 따라 그 밖의 다른 양념을 해서 먹기도 해요.

제주도에서 저절로 자라는 유채

전남 여수시 거문도에서 저절로 자라는 유채

제주도 서귀포시 산방산 앞에 심은 3월 유채

제주도 서귀포시 일출봉 앞에 심은 11월 유채

유채는 꽃에 꿀이 많고 꽃 피는 기간이 길어서 꿀을 모으는 식물로 심기도 해요. 특히 중국에서는 대규모 유채밭에서 꿀을 모으는데, 드넓은 지역에 샛노란 유채가 피어나면 우주에서도 그 광경이 보일 정도예요.

앞서 말한 대로 유채의 씨로 기름을 짜서 써요.

제주도를 비롯한 남부지방에서는 꽃을 보는 식물로 많이 심어요. 개중에는 저절로 야생으로 퍼져나가 자라기도 해요. 대개 봄에 꽃이 피도록 씨를 뿌리지만, 제주도 같은 곳은 심으면 나므로 거의 연중 피는 것을 볼 수 있어요.

닮은 친구 갓

유채와 가장 비슷한 친구가 '갓'이에요. 갓은 유채보다 더 많이 김치로 담가 먹어요. 특유의 아삭한 식감과 맵싸한 향기가 있어서 한번 맛 들이면 갓김치만 찾게 돼요. 생김새가 유채와 거의 비슷한데, 잎의 밑부분이 귓불처럼 넓어지면서 줄기를 감싸면 유채, 감싸지 않으면 갓이에요. 남부지방에서는 유채 대신 갓을 무리 지어 심기도 해요.

유채와 가장 비슷한 갓

갓의 잎은 밑부분이 줄기를 감싸지 않는다　　　유채처럼 무리 지어 심은 전북 부안군의 갓

봄에 노란색 꽃이 많은 이유

노란색은 꽃가루의 색이므로 꽃에 노란색이 많으면 꽃가루가 많은 것처럼 보여요. 그래서 꽃가루를 좋아하는 곤충이 많은 봄에는 그들을 유인하려고 노란색으로 피는 꽃이 많아요. 한꺼번에 피어야 꽃가루받이 가능성이 커서 무리 지어 피는 경우가 많아요. 그리고 노란색은 나무의 초록색 잎이 돋기 전인 봄에 곤충 눈에 가장 잘 띄는 색이기도 해요. 초록색 잎이 많아지는 여름에는 곤충 눈에 잘 보이는 색이 흰색이므로 흰색 꽃이 많아지기 시작하고요.

자신을 사랑한 꽃

수선화 (수선화과)

Narcissus tazetta subsp. *chinensis* (M. Roem.) Masam. & Yanagih.
화단이나 정원에 심고 야생화하여 자라기도 하며
12~4월에 꽃 피는 여러해살이풀

전남 여수시 거문도의 수선화

물에서 사는 신선이라는 뜻에서 수선화(水仙花)라고 해요. 중국 이름 수선(水仙)에서 유래한 것으로 보이는데, 중국에서는 '금잔은대(金盞銀臺)'라고도 불러요. 금으로 만든 술잔과 은으로 만든 잔대(술잔)라는 뜻이에요. 수선화의 금색 화피가 술잔처럼 보이고 은색(흰색) 화관이 잔대처럼 보이기 때문이에요. 우리의 옛 자료에서는 금잔은대에도 화(花)를 붙여 금잔은대화라고 기록했어요.

수선화는 지중해가 고향인 친구예요. 지중해가 있는 유럽의 이탈리아에서 중국의 당나라로 전래하여 재배하기 시작했다고 알려졌어요. 원래부터 우리나라에서 자라던 친구는 아니지만, 어쩌다 보니 우리 땅에서도 자라게 되었어요. 우리나라가 힘이 없을 때 벌어진 사건 때문에요.

생김새 노란색 부화관, 선 모양의 잎, 맺지 못하는 열매

땅속에 넓은 달걀 모양의 비늘줄기가 있는데, 껍질이 흑갈색이고 아래쪽에 흰색의 수염뿌리가 달려요. 꽃은 길게 자라난 꽃줄기 끝에 5~6개 정도가 옆을 향해 피어요. 꽃에서 아주 좋은 향기가 나요. 화피는 대개 흰색이고 6개이며 안쪽 화피가 3개, 바깥쪽 화피가 3개예요. **부화관**은 대개 노란색이고 화피 안쪽에 둥글게 세워져 있어요. 수술은 6개이고 부화관 아래쪽에 붙어 있어요. 암술대는 1개예요. 잎은 기다란 선 모양이에요. 열매는 잘 맺히지 않고, 번식은 비늘줄기로 해요.

• 부화관(副花冠) : 화피나 꽃잎 사이에 화관 모양으로 된 부속기관

수선화의 꽃 구조

기다란 선 모양의 잎

달걀 모양의 비늘줄기

더 자라지 못하는 어린 열매

이야기1 자기 자신을 사랑한 미소년

수선화에는 그리스로마신화에 나오는 미소년 나르키소스(Narcissus)의 이야기가 담겨 있어요. 나르키소스는 매우 아름다운 청년이었어요. 그래서 많은 이가 좋아했지만, 그는 누구에게도 마음을 주지 않았어요. 그중 그에게 실연당한 숲의 요정 에코는 계속되는 슬픔에 몸은 사라지고 목소리만 남게 되었어요. 결국 나르키소스는 복수의

여신 네메시스로부터 벌을 받아요. 그 벌은 자신과 사랑에 빠지는 것이었어요. 어느 날, 맑은 샘에 비친 자신의 아름다운 모습을 발견한 나르키소스는 그 샘을 떠나지 못한 채 자신과의 사랑에 빠져버려요. 하지만 물속의 자신에게 손을 대려고 하면 모습이 흐려져 만져볼 수도 없었어요. 그런 자

물가에 심어진 수선화

신을 너무나도 애타게 사랑한 나머지 나르키소스는 시름시름 앓다가 죽었고, 그 자리에서 피어난 꽃이 바로 수선화라고 해요. 지나치게 자신을 사랑하는 것을 '자기애(自己愛)' 또는 '나르시시즘'이라고 하는데, 그 나르시시즘이라는 말이 나르키소스 신화에서 유래했어요. 여러분은 자신을 얼마나 사랑하나요? 자신을 사랑하는 것은 좋은데, 혹시 너무 자기만 생각하는 사람은 아닌가요?

이야기2 지중해에서 살다가 거문도로 온 사연

거문도는 전남 여수시에 속하지만, 여수항에서 114.7㎞나 떨어진 섬이에요. 우리나라 육지에서도 멀리 떨어진 거문도를 다른 나라에서 찾아와 점령한 일이 있었어요. 1885년 3월 1일에 영국군이 군함 6척과 상선 2척을 이끌고 와서 거문도를 무단 점령한 사건이에요. 러시아 블라디보스토크보다 완벽한 부동항(겨울에도 얼지 않는 항구)을 찾던 러시아가 자꾸 남쪽으로 내려오려는 것을 견제하려고 저지른 일이에요. 한국 정부가 외교적으로 항의했지만, 힘이 모자랐어요. 러시아도 처지가 곤란해지자 중국 청나라에 중재를 요청해요. 청나라는 영국군이 철수하면 한국의 어느 곳도 점령하지 않겠다는 약속을 러시아로부터 받아서 영국에 알려줘요. 더는 거문도를 점령하고 있을 명분이 약해진 영국은 결국 1887년 2월 5일에 거문도에서 철수해요. 그것이 바로 거문도사건이에요.

영국군에 의한 2년간의 무단 점령이 남긴 것은 한국 최초의 테니스장이라 일컫는

해밀턴 테니스장, 영국군 묘지, 그리고 수선화예요. 지중해 연안이 원산지여서 우리나라에 자생하지 않는 수선화지만 영국군이 거문도를 점령했을 때 가져와 심은 것이 저절로 퍼져 자라게 되었어요.

전남 여수시 거문도

거문도 등대 아래쪽 벼랑 끝의 수선화

나르키소스가 맑은 샘에 비친 자기 모습에 반해 죽은 자리에서 피어났다는 수선화가 우리나라에서는 거문도 앞바다를 내려다보며 자라요. 거문도 등대 아래쪽의 가파른 벼랑 끝에 많은데, 바닷바람에 수선화의 달콤한 향기가 밀려오면 위험한 것도 다 잊을 만큼 낭만적이에요.

<u>쓰임새</u> 약재로 쓰는 비늘줄기, 꽃을 보는 식물

열을 내려주고 피를 잘 돌게 하는 효과가 있어서 수선화의 비늘줄기를 약으로 쓴다고 해요. 하지만 수선화의 비늘줄기도 기본적으로 독이 있으니 함부로 쓰는 것은 좋지 않아요. 요즘은 이른 봄에 꽃을 보는 식물로 많이 심어요.

<u>닮은 친구</u> 나팔수선

수선화는 비슷한 품종이 매우 많아요. 그중 화피와 부화관 모두 노란색이고 부화관이 나팔처럼 길쭉하게 나온 것을 흔히 '나팔수선'이라고 불러요. 그 외에도 겹꽃으로 피는 품종도 있고, 여러 색과 다양한 모양의 품종을 심어요.

나팔수선이라 부르는 것

수선화 품종

겹꽃 품종

그거 알아요?

자생하는 것이 아닌 식물

우리나라 거문도와 제주도에 수선화가 자란다고 해서 그것을 자생하는 것으로 여기는 분들이 간혹 있어요. 하지만 그것은 원래부터 우리나라에서 자라는 것이 아니고 사람이 들여와 심은 것이어서 자생한다는 말로 표현하기는 어려워요. 사람의 도움 없이 스스로 살아간다고 해도 언제 들어왔는지 모를 정도로 아주 오래전에 들어와 자라는 식물이 아니면 자생한다고 표현하지 않아요.

제주도 서귀포시에서 자라는 수선화(겹꽃)

풋거름으로 쓰는 보랏빛 구름

자운영 (콩과)

Astragalus sinicus L.
남부지방의 논에 심고 야생화하여 자라기도 하며
4~6월에 꽃 피는 한두해살이풀

제주도 서귀포시의 자운영

　자운영(紫雲英)이라는 한자 이름을 그대로 풀이하면 '보라색 구름 꽃부리'가 돼요.
그런데 꽃이 자주색이고 광물의 일종인 운영(雲英)을 닮아서 붙여진 이름이라는 유래
담이 전해져요. 운영은 운모(雲母)의 일종으로 거무스름한 오색(汚色)이 나면서 푸른빛
이 강한 광물이라고 해요. 하지만 색깔도 다른 광물에 꽃을 비유했다는 것이 어쩐지
좀 낯설게 느껴져요. 그래서일까요? 자운영이라는 이름을 가리켜 대개들 '보라색 구
름 같은 꽃부리'라고 해요.

　중국에서는 '자운영(紫云英)'이라고 해서 우리와 약간 다른 한자로 표기해요.

　옛 문헌에서 잘 발견되지 않은 점으로 미루어 우리나라에 들어온 지 그리 오래되
지는 않은 것 같아요.

생김새 나비 모양의 꽃, 깃 모양의 겹잎, 꼬투리 열매

땅속에 혹이 달리는 뿌리가 있어요. 줄기는 밑에서 가지가 많이 갈라지고 윗부분은 곧게 서요. 꽃은 대개 홍자색으로 피어요. 잎겨드랑이에서 나온 긴 꽃대 끝에 7~10개 정도의 꽃이 우산 모양으로 모여 달려요. 화관은 나비 모양이고, 위쪽의 **깃발꽃잎** 안쪽에 홍자색 무늬가 있어요. 수술은 10개이고 그중 9개가 서로 달라붙어요. 암술대는 1개예요. 꽃받침은 종 모양이고 5갈래로 갈라지며 흰 털이 있어요. 잎은 어긋나기하고 여러 개의 작

> • 깃발꽃잎: 콩과 식물의 나비 모양의 꽃에서 깃발처럼 생긴 꽃잎 = 기판(旗瓣)

꽃받침은 **5**갈래로 갈라지고 털이 있음

깃발꽃잎 안쪽에 무늬가 있음

화관은 나비 모양

자운영의 꽃 구조

은잎이 깃 모양을 이루는 겹잎이에요. 작은잎은 3~11개이고 거꾸로 된 달걀 모양이거나 타원 모양이에요. 턱잎은 달걀 모양이에요. 열매는 꼬투리고 긴 타원 모양이며 검은색으로 익어요. 씨는 녹황색이에요.

작은잎이 모여 달린 겹잎

뿌리에 달리는 뿌리혹

검게 익은 열매 속의 씨

이야기 땅의 힘을 길러주는 풋거름

논밭에 영양분을 주기 위해 생풀이나 생나무 잎으로 하는 거름을 풋거름이라고 해요. 풋거름을 한자로 바꾸면 '녹비(綠肥)'라고 하고요. 자운영은 원래 중국에서 나는

친구인데, 풋거름으로 들여와 논밭에 씨를 많이 뿌려두곤 했어요. 자운영 같은 콩과 식물의 뿌리에는 뿌리혹박테리아가 있어서 공기 속의 질소를 고정해 주는 역할을 하므로 풋거름으로 쓰기 좋아요. 잡초처럼 보이지만 땅의 힘을 길러주는 천연 비료인 셈이에요. 가을에 자라난 자운영의 잎이 겨울을 나고 이듬해 봄에 왕성하게 자라면 갈아엎고 모내기를 했다고 해요. 모내기 전에 갈아엎은 논에 물을 대고 흙덩어리를 부수고 논바닥을 고르는 작업을 써레질이라고 해요. 써레질을 해야 흙과 물과 비료가 골고루 섞여요.

그러나 화학비료를 쓰는 요즘은 굳이 풋거름을 쓸 필요가 없어졌어요. 요즘은 벼 수확 이후에 마늘이나 양파 농사를 짓기도 해서 자운영 씨를 뿌려둘 틈이 없기도 해요. 그래서 자운영은 들녘으로 퍼져나가 평범한 풀꽃이 됐어요.

전에는 남부지방에서만 보였는데, 지구온난화의 영향으로 따뜻해진 요즘은 중부 지방에서도 어렵지 않게 볼 수 있어요.

전남 진도군의 자운영

다만, **제초제**를 많이 쓰는 곳에서는 자운영이 나
타났다가도 금세 사라져요. 자운영이 중요한 식물
인 건 아니지만 농약과 제초제를 많이 쓰는 방법보

• 제초제: 농사에서 잡초를 제거하려고 뿌리는 농약의 한 종류

다 자운영 같은 식물로 하는 친환경 농법이 우리에게 더욱 필요해질 날이 분명히 올
거예요. 자연과 사람이 건강하게 어우러지는 풍경을 계속 볼 수 있었으면 좋겠어요.

쓰임새 나물, 꿀을 모으는 식물, 풋거름

자운영의 어린순을 나물로 먹기도 해요. 꽃이 피기 전에 뜯어야 맛있고, 데쳐서 된
장이나 고추장 등의 양념을 해서 무쳐 먹어요. 쓴 나물과 섞어도 맛이 잘 어우러진다
고 해요.

자운영의 꽃은 꿀이 많아 벌을 치기에도 좋아요.

염증을 없애주거나 피를 멎게 하는 작용도 있어서 약재로 쓰기도 했다고 해요.

예전에는 풋거름으로 논에 뿌리거나 가축의 먹이로 이용했어요.

닮은 친구 살갈퀴, 왕관갈퀴나물

자운영과 가장 닮은 친구를 고르라면 '살갈퀴'를 꼽을 수 있어요. 들녘에 비교적 흔
하게 자라는 편이에요. 언뜻 보면 많이 다른 것 같아요. 하지만 나비 모양의 꽃, 깃 모
양의 겹잎, 검게 익는 기다란 열매까지 비슷해요. 다만, 살갈퀴는 덩굴손이 있어서 다
른 물체를 휘감으며 자란다는 점이 자운영과 달라요.

최근에 서울 지역에서 많이 번지고 있는 '왕관갈퀴나물'도 자운영과 아주 비슷한
친구예요. 특히, 꽃차례가 둥글게 우산 모양을 이루는 점이 아주 비슷해요. 왕관갈퀴
나물은 기듯이 자라는 모습이 덩굴 같지만, 자운영처럼 덩굴손이 없어서 다른 물체
를 휘감지는 않아요.

덩굴손이 있어 다른 물체를 휘감는 살갈퀴   자운영처럼 덩굴손이 없는 왕관갈퀴나물

그거 알아요?

농약을 사용하지 않는 친환경 농법

농약은 농사지을 때 잡초나 해충 등으로부터 생길 수 있는 피해를 미리 막으려고 사용하는 약품이에요. 우리가 심어 기르는 작물을 보호하기 위한 것이라서 '작물보호제'라고도 해요. 하지만 농약은 아무리 적게 써도 사람에게 해롭고 동물에게도 해로우며 환경을 오염시키는 물질이에요. 그래서 요즘은 농약이나 비료를 사용하지 않는 친환경 농법(유기농법)으로 농작물을 재배하려는 노력이 많아지고 있어요. 잡초와 해충을 잡아먹는 오리를 이용한 오리농법이라든가, 배설물이 자연 비료나 마찬가지인 지렁이를 이용하는 지렁이농법도 친환경 농법의 예라고 할 수 있어요.

울릉도 주민의 목숨을 이어준 풀

울릉산마늘 (백합과)

Allium ulleungense H.J.Choi & N.Friesen
울릉도의 산지에서 자라며
5~7월에 꽃 피는 여러해살이풀

경북 울릉도의 울릉산마늘

    울릉도는 우리나라 동쪽 끝 바닷길로 세 시간 넘게 가야 닿는 섬이에요. 제주도와 달리 생겨날 때부터 지금까지 단 한 번도 육지와 연결된 적이 없어요. 처음에는 온통 바위투성이의 섬이었지만 오랜 시간이 지나면서 숲이 우거지기 시작했어요. 가장 가까운 육지에서 130㎞ 이상 떨어져 있는데도 어떻게 식물들이 들어갈 수 있었을까요? 아마도 바람이나 새의 도움을 받아서 울릉도에 속속 도착했을 거예요. 어렵긴 하지만 짠물을 견딜 줄 아는 씨앗들은 바다 위를 둥둥 떠서 왔을지도 몰라요. 울릉도는 내륙과 비교해 기후가 독특하고 큰 동물이 거의 없어서 식물이 맘껏 자랄 수 있었어요. 그 결과 울릉도의 식물은 육지의 식물과 다른 모습으로 변하게 되었어요.

생김새 굽은 비늘줄기, 둥근 꽃차례, 넓적한 잎

땅속에 약간 길고 한쪽으로 굽은 비늘줄기가 있으며 끝에 수염뿌리가 달려요. 비늘줄기의 겉에는 그물처럼 생긴 갈색 섬유가 덮여요. 꽃은 흰색이고, 길게 자란 꽃줄기 끝에 여러 개가 모여 우산 모양의 꽃차례를 이뤄요. 화피조각은 6개예요. 수술은 6개이고 꽃밥은 황록색이에요. 암술대는 1개예요. 수술과 암술 모두 화피보다 길어요. 잎은 2~3개씩 붙고 흰빛이 도는 녹색이며 넓적한 편이고 가장자리는 밋밋해요. 잎자루는 길고 밑부분이 좁아지면서 꽃줄기를 감싸요. 열매는 거꾸로 된 심장 모양이고 익으면 갈라지면서 검은색 씨를 드러내요. 전체에서 마늘 냄새가 강하게 나요.

울릉산마늘의 꽃 구조

넓적한 잎

갈색 섬유로 덮인 비늘줄기

거꾸로 된 심장 모양의 열매

이야기 먹을거리에서 특산품으로, 나물에서 한국특산식물로

지금처럼 울릉도에 사람이 많이 모여 살기 시작한 것은 그리 오래된 일이 아니에요. 울릉도에 사람이 살면 왜구(일본 해적)가 쳐들어올 근거지로 삼을 수 있으므로 때때로 주민들이 살지 않게 했어요. 섬을 비워두면 훔쳐 갈 것이 없어서 왜구가 나타나는 일도 그만큼 줄거든요. 그러다 1882년(고종 19년)에 울릉도를 개척하라는 명령이 내려지고 1883년부터 다시 사람을 옮겨 와 살게 하면서 지금의 울릉도가 되었어요.

그런데 울릉도에 처음 정착한 주민들은 농사짓는 법을 잘 몰랐어요. 그래서 먹을거리가 부족해지는 겨울에서 봄 사이에 굶어 죽는 사람이 많았다고 해요. 무엇이든 먹고 살아야 했던 울릉도 주민들은 이른 봄에 녹지 않은 눈 사이에서 푸르게 돋는 싹을 보았어요. 그것을 따다가 나물이나 장아찌로 담가 먹으면서 겨우 목숨을 이어갈 수 있었어요. 그래서 자신들의 목숨을 이어주었다고 해서 한자로 '목숨 명(命)' 자를 써서 그 식물을 '명이(사투리로는 멩이)'라고 불렀어요. 그 후 명이나물 또는 명이절임이라는 이름으로 알려지면서 울릉도 특산품이 되었어요. 그것이 바로 울릉산마늘이에요.

울릉도의 봄 숲에서 돋는 잎

울릉산마늘을 뜯어 한 짐 지고 가는 주민

해마다 봄이면 울릉산마늘의 잎을 한 짐씩 뜯어 가는 주민들을 볼 수 있어요. 그것이 너무 힘들다 보니 이제는 가까운 곳에 아예 밭을 만들어 울릉산마늘을 기르는 곳이 많아졌어요. 기후변화로 울릉도에서 오징어가 잘 잡히지 않게 된 지금은 울릉도 오징어를 제치고 울릉산마늘, 즉 명이나물이 울릉도 최고의 특산품이 되었어요.

울릉도 특산품이었던 오징어를 말리는 모습

전에는 울릉산마늘이 육지의 높은 산에서 자라는 산마늘과 같은 것인 줄 알았어요. 그러다 다르다는 사실이 알려졌고, 학자들의 연구 결과 울릉산마늘이 세계에서 오직 우리나라에서만 자라는 한국특산식물이라는 사실이 밝혀졌어요. 내륙과 다른 울릉도의 환경이 만들어낸 작품인 셈이지요. 귀한 식물을 먹는다는 것이 좀 어색하지만, 울릉산마늘을 먹을 때마다 한국 땅에서 사는 혜택(?)을 누린다는 생각이 들어요.

울릉도 나리분지에서 재배하는 울릉산마늘

쓰임새 나물보다는 쌈의 재료

울릉산마늘의 잎은 주로 장아찌로 담가서 먹어요. 마늘 맛과 향기가 나는 데다 넓적해서 울릉산마늘 장아찌 하나면 마늘이나 쌈 채소 없이도 고기를 싸서 먹을 수 있어요. 이때는 나물이라기보다 쌈의 재료에 가까워요.

닮은 친구 산마늘

울릉산마늘과 가장 비슷한 친구는 '산마늘'이에
요. 산마늘은 육지의 높은 산에서 드물게 자라요.
전에는 산마늘과 울릉산마늘이 같은 것인 줄 알았
어요. 하지만 울릉산마늘은 잎이 넓고 꽃이 흰색
인데, 산마늘은 잎이 좁고 꽃이 황백색인 점이 달
라요. 산마늘도 재배해서 나물로 만들어 먹거나
판매해요.

잎이 좁고 꽃이 황백색인 산마늘

그거 알아요?

독도는 우리 땅!

울릉도에서 동쪽으로 87.4㎞ 떨어진 곳
에 있는 독도는 울릉도와 형제 같아요.
그래서 독도를 우리 국토의 막내라고도
불러요. 엄연히 우리 땅이건만 일본에
서 계속 시비를 걸어와요. 독도를 찾는
많은 방문객이 품속에 태극기를 가지고
가서 흔드는 이유가 거기에 있어요. 독
도가 외롭지 않도록 우리가 지켜준다면
독도도 우리 바다를 영원히 지켜줄 거
예요.

우리 국토의 막내라고 불리는 독도

위도상사화 (수선화과)

서해 바닷가에 피는 하얀 그리움

Lycoris uydoensis M. Kim
전북 위도와 서해안 일대에서 자라며
8~9월에 꽃 피는 여러해살이풀

전북 부안군 위도의 위도상사화

 누군가 몹시 그립고 보고 싶은데 볼 수 없다면 마음이 어떨까요? 누군가를 몹시 사랑하는데 맘껏 사랑할 수 없다면 마음이 어떨까요? 그런 애틋함 때문에 생기는 마음의 병을 상사병(相思病)이라고 해요.

 상사화(相思花)는 비슷한 뜻에서 이름 붙여졌어요. 꽃이 있을 때는 잎이 없고 잎이 있을 때는 꽃이 없다 보니 잎과 꽃이 서로를 그리워한다는 뜻이에요.

 위도상사화도 잎과 꽃이 함께 달리지 못해 서로를 그리워하는 운명이에요. 그래도 슬픈 사연은 없던 꽃인데, 어느 날 그만 슬픈 사연이 생기고 말았어요. 많이 심어 축제를 열기도 하지만 그 슬픈 사연은 지워지지 않아요. 그래서인지 위도상사화는 매년 여름이면 더욱 새하얗게 피어나요.

생김새 흑갈색 비늘줄기, 좌우대칭 화피조각, 잘 생기지 않는 열매

땅속에 달걀 모양의 흑갈색 비늘줄기가 있어요. 꽃은 우윳빛이 도는 흰색이고 옆을 향해 피며 기다란 꽃줄기 끝에 6~8개가 우산처럼 모여 달려요. 화피조각은 6개이고 좌우대칭이며 가장자리가 밋밋하거나 약간 물결 모양으로 구불거리고 끝이 뒤로 살짝 젖혀져요. 수술은 6개이고 암술대는

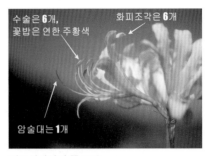

수술은 6개,
꽃밥은 연한 주황색

화피조각은 6개

암술대는 1개

위도상사화의 꽃 구조

1개이며 둘 다 화피보다 길게 나와요. 꽃밥은 연한 주황색이에요. 잎은 기다란 선 모양이며 봄에 여러 개가 포개져 나왔다가 꽃이 피기 전에 사라져요. 열매는 잘 생기지 않고 번식은 비늘줄기로 해요.

봄에 돋은 선 모양의 잎

여름에 길게 솟는 꽃줄기

더 자라지 못하는 어린 열매

이야기 고슴도치섬에 피는 하얀 그리움

전북 부안군 위도(蝟島)는 변산반도에서 서쪽으로 약 15㎞ 정도 떨어진 섬이에요. 뱃길로는 40분 정도 걸려요. 위에서 내려다본 섬의 모습이 고슴도치 같다고 해서 고슴도치 위(蝟) 자를 써요. 여름이면 우윳빛의 위도상사화가 피어나는 고슴도치섬, 위도에는 전에 없던 슬픈 사연이 생겨났어요.

1993년 10월 10일, 낚시 장소로 유명했던 위도에는 격포항을 오가는 배편인 서해훼

리호가 있었어요. 그날은 바람이 많이 불고 파도가 높아 배를 띄우기 어려웠어요. 그런데도 그 당시 위도에는 어떤 주의보도 발령되지 않고 있었어요. 그 날이 일요일이어서 다음 날인 월요일에 출근해야 하는 사람들이 몰려들어 출항을 요구했어요. 정원 ⑵21명⒁보다 141명이나 많은 362명이 타게 되었지만

위도의 파장금항 입항

제대로 된 감독은 이루어지지 않았어요. 거기에 자갈 7.3톤과 주민들이 팔려고 만든 멸치액젓 9톤까지 무리하게 실었어요. 나중에 쉽게 내리려고 뱃머리에 싣는 바람에 배가 뒤뚱거려서 중심을 잡기 어려웠어요. 게다가 항해사가 휴가 중이어서 갑판장이 항해사를 대신했고, 안전요원은 고작 2명뿐이었어요. 결국 무리하게 출항한 배는 오전 10시 10분쯤 임수도 부근에서 돌풍을 만났고, 위도로 돌아가려고 뱃머리를 돌리던 중 파도를 맞아 곧바로 뒤집히면서 가라앉기 시작했어요. 그런 긴급한 상황에서 가장 중요한 구명 장비가 제대로 작동하지 않았어요. 그때는 휴대전화도 없었고 통신장비도 좋지 않던 시절이라 구조 요청이 재빨리 이뤄지지 않았어요. 이렇게 모든 상황이 좋지 않았고, 끝내 292명이라는 엄청난 사망자를 내고 말았어요. 그것이 바로 서해훼리호 침몰 사고예요. 깊은 갯벌에 침몰한 배를 유령선처럼 건져내는 모습은 너무나도 소름 끼치는 장면으로 기억돼요.

사고 당시에 몇 명이 탔는지, 그리고 누가 탔는지 정확히 파악하는 일에 큰 어려움을 겪었어요. 그때만 해도 출항 시간에 쫓겨 승선권을 끊지 못하면 일단 승선부터 하고 난 후 배 안에서 승선권을 끊는 일이 많았기에 그랬어요. 그래서 서해훼리호 침몰 사고 이후부터는 승선권을 배 안에서 파는 것이 금지되고, 모든 여객선은 출항 전에 승선 인원을 통보해야 하며, 승선자도 승선권을 살 때 자신의 이름·주민등록번호·연락처 등을 반드시 기재해야 하는 제도가 시행되었어요. 값비싼 교훈을 얻은 셈이에요. 하지만 그때의 교훈이 지금까지도 이어지고 있는지 의문이 드는 일들이 끊이지 않고 일어나요.

하얀 그리움으로 피어나는 위도상사화

어쨌든 많은 사람이 목숨을 잃는 안타까운 사고였어요. 이제 더는 만날 수 없는 희생자와 유가족이 서로를 그리워할 수밖에 없게 되었어요. 그래서일까요? 위도상사화를 보면 뭍에 두고 온 가족을 그리는 희생자의 넋이 하얀 그리움으로 피어나는 것 같아요.

쓰임새 나물, 비늘줄기를 엿으로, 꽃을 보는 한국특산식물

위도상사화의 꽃줄기를 말렸다가 겨울에 나물로 무쳐 먹기도 해요. 비늘줄기를 엿으로 고아 먹기도 하고요. 위도상사화는 상사화 종류 중 유일하게 독성이 없다고 해요. 한국특산식물이라 귀하기도 하고 꽃이 예뻐서 꽃을 보는 식물로 무리 지어 심어요.

닮은친구 상사화

위도상사화는 흰색에 가깝게 피는데 '상사화'는 분홍색으로 피는 친구예요. 우리 나라에서 자라는 것은 아니고 중국에서 들여와 심는 종이에요.

꽃이 필 때 잎이 없는 상사화

열매를 맺지 못하는 위도상사화

 그거 알아요?

열매 맺지 못하는 꽃

상사화나 위도상사화는 화려한 꽃을 피우지만, 다른 종이 수정되어 만들어진 친구들 이라 열매는 맺지 못해요. 곤충이 와서 아무리 꽃가루받이를 돕는대도 열매가 만들어 지지 않기 때문에 비늘줄기로 번식해요.

안데스산맥에서 온 구황작물
감자 (가지과)

Solanum tuberosum L.
전국의 밭에 심으며
5~8월에 꽃 피는 여러해살이풀

경기도 남양주시의 감자

　감자라는 이름은 한자 이름 '감저(甘藷)'에서 유래했어요. 그런데 이 감저는 '단맛이 나는 덩이줄기'라는 뜻으로, 원래 고구마를 부르던 이름이에요. 그러다가 감자가 들어오면서 두 식물을 구분하지 않고 불렀어요. 감자는 북쪽에서 왔기에 북감저(北甘藷), 고구마는 남쪽에서 왔기에 남감저(南甘藷)로 구분해 기록하기도 했지만 계속 혼란스럽게 쓰였어요. 김동인 작가의 유명한 소설 「감자」의 감자도 고구마를 뜻하는 것이므로 감자는 전혀 나오지 않아요. 그 소설에서 주인공인 복녀가 왕서방의 밭에서 훔친 것이 감자가 아니라 고구마예요.

　어쨌든 결국 고구마는 제 이름을 감자에 빼앗겼어요. 아직도 고구마를 감저 또는 무감자로 부르는 남부지방에만 겨우 흔적이 남았어요.

생김새   덩이줄기, 5갈래로 얕게 갈라지는 화관, 방울토마토 같은 열매

땅속에 둥근 덩이줄기가 발달해요. 줄기는 곧게 서고 가지가 갈라져요. 꽃은 가지 끝에 달리는 꽃차례에 여러 개가 모여 피어요. 대개 흰색 또는 연한 자주색이에요. 화관은 5갈래로 얕게 갈라져요. 수술은 5개이고 곧게 세워져서 모여요. 꽃밥은 길고 노란색이에요. 암술대는 1개이고 수술대 사이에 있어요. 잎은 어긋나기하고 여러 개의 작은잎이 깃 모양의 겹잎을 이뤄요. 작은잎은 3~4쌍이고 작은잎 사이에 작은 조각잎이 또 붙어요. 열매는 둥글고 물컹하며 노란빛이 도는 녹색이고 방울토마토 같아요.

> • 덩이줄기: 땅속의 줄기 끝에 양분이 저장되어 덩이처럼 부푼 것 = 괴경(塊莖)

감자의 꽃 구조

연한 자주색 꽃

깃 모양의 잎

방울토마토 같은 열매

이야기   구황작물, 자주 감자, 하얀 감자

흉년에도 비교적 수확이 잘 되는 편이어서 굶주림을 해결해주는 작물을 '구황작물(救荒作物)'이라고 해요. 감자는 보리나 고구마와 함께 가장 대표적인 구황작물이에요. 밀, 쌀, 옥수수와 함께 세계 4대 작물 중 하나이기도 해요.

감자는 원래 남아메리카의 안데스산맥이 고향인 친구로, 한라산보다도 높은 2,000~4,000m에서 자라는 고지대 식물이에요. 우리나라에는 19세기 초에 중국으로부터 들여왔다고 해요.

그런데 감자의 꽃은 흰색인 것이 있고 자주색인 것이 있어요. 땅속에 든 감자가 꽃과 같은 색의 감자가 달리는 건지 아닌지 궁금하게 만들어요. 그런 궁금증을 풀어주는 시가 권태응(1918~1951) 시인의 〈감자꽃〉이라는 시예요.

<감자꽃>

권태응

자주 꽃 핀 건 자주 감자

파 보나 마나 자주 감자

하얀 꽃 핀 건 하얀 감자

파 보나 마나 하얀 감자

맞아요. 자주색 꽃이 핀 건 파보나 마나 자주 감자이고, 하얀색 꽃이 핀 건 파보나 마나 하얀 감자예요.

감자밭

식용, 그러나 주의해야 하는 솔라닌

감자는 삶아서 먹기도 하고, 굽거나 기름에 튀
겨서 먹기도 해요. 감자의 녹말로 당면 같은 것을
만들기도 하고, 사료로 쓰기도 해요. 감자에는 사
과의 3배나 되는 비타민C가 있다고 해요. 철분도
많아서 빈혈을 예방해주고, 피부도 좋게 해준다고
해요. 또한 감자에 든 칼륨이 우리 몸속의 나트륨 수확한 감자
을 배출해줘요.

덩이줄기의 싹이 돋는 부분에는 '솔라닌(solanine)'이라는 독성분이 있으니 싹이 나거
나 빛이 푸르게 변한 감자는 많이 먹지 않는 것이 좋아요.

닮은 친구 고구마

‘고구마’는 메꽃과의 친구여서 감자와 많이 닮은 건 아니에요. 땅속에 덩이줄기가 생기는 감자와 달리 고구마는 덩이뿌리가 부풀어요. 감자를 햇볕에 놓아두면 초록색으로 변해요. 광합성을 한다는 증거이므로 그것만 보더라도 감자가 줄기라는 사실을 알 수 있어요. 고구마는 햇볕에 놔둬도 초록색으로 변하지 않아요. 고구마는 뿌리라서 그래요.

고구마는 꽃이 나팔 모양인 점만 해도 감자와 달라요. 원래는 꽃을 보기 어렵지만 최근에는 기온이 따뜻해져서 그런지 고구마의 꽃을 곧잘 볼 수 있어요.

고구마의 덩이뿌리

보기 드문 고구마의 꽃

그거 알아요?

고구마줄기 = 고구마순

우리가 흔히 고구마줄기 또는 고구마순이라고 해서 먹는 것이 있어요. 고구마줄기라고 부르다 보니 정말로 고구마의 줄기를 먹은 것으로 아는 사람이 많아요. 하지만 진짜 고구마의 줄기는 먹을 수 없고, 실제로는 고구마의 잎자루를 벗겨서 먹는 거예요. 고구마순도 고구마줄기와 같은 말이고요.

쌀나무가 아니랍니다
벼 (벼과)

Oryza sativa L.
전국의 논과 밭에 심으며
7~9월에 꽃 피는 한해살이풀

충남 서산시 해미읍의 벼

　벼라는 말은 언제 어떻게 생겨났는지 정확히 알려지지 않았어요. 벼의 원산지에서 부르던 이름이 변형되어 우리말의 벼가 되었다고 보는 편이에요.

　중부 이북의 어르신들은 벼를 '베'라고 발음해요. '베' 또는 '나락'은 벼의 사투리예요. 나락은 '낟+알'→'낟알'→'나달'에서 변한 말이라고 해요.

　쌀은 곡식의 껍질을 벗긴 알맹이로, 씨알이 줄어서 된 말이에요. 옛말에서는 밥 짓는 곡식을 모두 '쌀'이라고 했어요. 벼를 찧은 쌀을 볍쌀이라고 해서 잡곡의 상대되는 말로 써요. 끈기가 많으면 찹쌀, 끈기가 없으면 멥쌀 혹은 입쌀이라고 해요. 입쌀로 지은 밥이 이밥, 즉 쌀밥이고요. 그러다 쌀은 볍쌀만을 가리키는 말로 되었지만, 보리쌀·좁쌀·수수쌀 등에 아직 남아 있어요.

생김새 수술 6개, 암술 1개, 바람이 도와주는 꽃

뿌리는 수염뿌리예요. 줄기는 모여나기하면서
포기를 이루고 곧게 서며 속은 비었어요. 꽃은 줄
기 끝에서 아래로 처지는 긴 꽃차례에 다닥다닥
붙어 달려요. 꽃이 핀다는 말보다 이삭이 팬다는
말로 표현해요. 수술은 6개이고 암술은 1개예요.
수술은 수술대가 길어서 바람의 도움을 받아 꽃가

벼의 꽃 구조

루받이해요. 그런데 벼의 꽃은 제 꽃가루를 제 암술로 옮기는 제꽃가루받이를 하는
것으로 알려졌어요. 잎은 기다란 칼 모양이고 앞면이 깔깔해요. 열매는 긴 타원 모양
이고 누렇게 익어갈수록 열매차례가 고개를 숙여요. 열매를 찧은 것을 쌀이라고 하
고, 우리가 주식으로 먹어요. 재배하는 나라의 환경이나 특성에 따라 다양한 품종이
개발되고 있어요.

암술이 자주색인 꽃

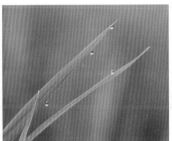

기다란 칼 모양의 잎

익을수록 고개를 숙이는 열매

이야기 쌀나무는 없다, 벼는 익을수록 고개를 숙인다

"쌀은 어디에서 날까요?" 하고 물으면 도시에서만 살아온 친구들은 "쌀나무!"라고
엉뚱한 답을 해요. 하지만 쌀나무라는 나무는 없어요. 쌀은 논에 심은 벼에서 가을에
수확하는 것으로, 벼는 나무가 아닌 풀이에요. 곡식은 나무가 아니라 대부분 풀에서

나요.

벼를 찧어서 껍질을 벗기는 작업을 '도정(搗精)'이
라고 해요. 도정 전에 껍질이 있는 것은 나락이라
고 하고요. 이 나락의 껍질을 완전히 제거하면 쌀
이 돼요. 건강을 위해서 겉껍질인 왕겨만 도정하
고 속껍질인 쌀겨는 도정하지 않은 채 먹기도 하
는데, 그것을 '현미(玄米)'라고 해요. 현미와 반대로
하얗게 벗겨낸 쌀은 '백미(白米)'라고 해요.

익을수록 고개 숙이는 벼

어른들이 하는 말 중에서 '귀신 씻나락 까먹는 소리'라는 말이 있어요. 여기서 씻나
락은 볍씨를 뜻하는 말이에요. 귀신이 진짜로 볍씨를 까서 먹을 리가 없으므로 그 말
은 터무니없는 이야기를 한다는 뜻이에요.

벼가 익어가는 들녘

'벼는 익을수록 고개를 숙인다'라는 속담도 있어요. 벼는 익을수록 무거워지므로 완전히 익을 무렵이면 고개를 수그린 것처럼 돼요. 그런데 학식이 좀 높아졌거나 높은 지위에 올랐다고 해서 자기의 능력을 과시하거나 오만하게 구는 사람이 있어요. 그래서 벼가 익을수록 고개를 숙이듯이 교양이 있고 수양을 많이 한 사람일수록 남 앞에서 더욱 겸손해져야 한다고 이를 때 그 속담을 말해요. 겸손하지 못한 사람에게 해줄 수 있는 따끔한 말이에요.

쓰임새 밥, 술·떡·과자·엿 등의 원료

벼에서 얻을 수 있는 것은 쌀과 볏짚 외에 왕겨와 쌀겨 정도예요. 쌀은 우리가 밥으로 만들어 먹고 그 외에 술·떡·과자·엿 등의 원료로 써요. 볏짚과 왕겨는 연료나 퇴비로 많이 쓰고, 볏짚은 가마니나 새끼 등을 만드는 데 써요. 쌀겨는 기름을 짜거나 사료·비료·약 등으로 이용해요.

닮은 친구 줄, 보리

벼와 비슷한 친구를 야생에서 찾으라고 하면 '줄'을 꼽을 수 있어요. 줄풀이라고도 하는 줄은 강이나 하천 등지에서 흔히 자라는 식물로 벼와 비슷하지만 조금 다른 식물이에요. 북아메리카에 분포하는 줄과 비슷한 종은 야생 벼(wild rice)라고 해서 열매를 먹을 수 있어요.

벼와 가장 많이 비교되는 작물은 아무래도 '보리'예요. 보리는 보통 9~10월에 벼를 추수한 뒤 이모작을 할 때 심어요. 그런데 추수한 쌀이 바닥나는 5~6월에는 보리가 제대로 여물지 않아 수확할 수 없어요. 그래서 옛날에는 그때의 배고픈 시기를 보내는 것이 고개를 넘어가는 것처럼 힘겹다고 해서 보릿고개라는 말이 생겨났어요.

야생 벼라고도 하는 줄

익어가는 5월의 보리

 그게 알아요?

쌀이 만들어지려면 88번의 손이 가는 노력이 필요

벼농사는 결코 말처럼 쉬운 일이 아니에요. 벼를 재배하는 동안에는 많은 양의 물을 계속 주어야 하고, 잡초도 수시로 뽑아주어야 하며, 제때 병충해를 방제해야 하는 등 신경 써야 하는 일이 한두 가지가 아니에요. 그래서 쌀을 뜻하는 미(米) 자를 88(八+八)로 나누어, 농부가 벼를 수확할 때까지 88번의 손이 갈 정도로 힘든 것이 농사라고 말해요. 물론, 미(米) 자가 그런 뜻은 아니지만 그 정도로 쌀은 농부의 많은 수고로 어렵게 얻어져요. 그래서 밥을 먹을 때 어른들은 농부의 수고를 생각해서라도 밥알 하나도 남기지 말고 맛있게 먹으라고 해요. 그것이 습관이 돼서 저는 지금도 밥알 하나 남기지 않고 밥그릇을 깨끗하게 비워요.

안전하게 땅속에서 맺는 열매

땅콩 (콩과)

Arachis hypogaea L.
전국의 밭에 심으며
7~9월에 꽃 피는 한해살이풀

경기도 안성시의 땅콩

　콩처럼 생긴 열매가 땅속에 생긴다고 해서 땅콩이라고 해요. 옛 자료에는 중국에서 부르는 이름인 '낙화생(落花生)'으로 기록했어요. 낙화생은 꽃이 떨어져서 열매가 생긴다는 뜻이에요. 꽃이 지면 열매가 생기는 것이 당연한 일이지만, 떨어진 꽃에서 열매가 생긴다는 말은 조금 이상해요. 하지만 땅콩이 꽃 필 때부터 열매 맺을 때까지 잘 관찰하면 그 말이 무슨 뜻인지 알 수 있어요. 열매가 땅 위의 줄기에서 달리는 것만 보아온 사람이 땅속 깊은 곳에 열매 맺는 땅콩을 보면 놀랄 것 같아요. 그 고소한 맛을 들키지 않으려고 땅속 깊은 곳에 안전하게 열매를 맺어두기 시작한 건 아닌지 모르겠어요. 그 맛을 알아버린 사람들은 재배하는 방법을 연구해서 많이 심어 길러요.

생김새　노란 나비 모양의 꽃, 2쌍의 작은잎, 땅속의 열매

줄기는 곧게 서거나 다발처럼 무리 지어 자라고
옆으로 기면서 자라는 줄기도 있어요. 꽃은 잎겨
드랑이에 1개씩 노란색으로 피어요. 화관은 나비
모양이고, 넓적한 깃발꽃잎에는 진한 노란색 줄무
늬가 있어요. 수정되어 꽃이 지면 짧은 씨방의 자
루가 점점 길어지면서 땅속으로 파고 들어가요.

깃발꽃잎에는
진한 노란색 무늬가 있음

화관은 노란색이고
나비 모양

땅콩의 꽃 구조

잎은 작은잎이 2쌍(4개)이 모여 깃 모양의 겹잎을 이뤄요. 작은잎은 달걀 또는 달걀을
거꾸로 한 모양이고 끝에 짧은 돌기가 있어요. 열매는 꼬투리 모양이고 긴 타원 모양
이에요. 껍질이 두껍고 딱딱하며 그물 같은 맥이 있어요. 그 속에 1~3개의 씨가 들어
있는데, 날것으로 먹으면 비릿하지만 볶아서 먹으면 고소한 맛이 나요.

땅속에 박힌 씨방자루

2쌍(4개)의 작은잎

열매

이야기　남아메리카에서 온 낙화생

땅콩은 원래 남아메리카에서 자라던 친구예요. 더운 지방에서 살던 식물인데 남
아메리카를 탐사하던 유럽 사람들에게 발견된 후 50여 년 만에 전 세계로 퍼졌어요.
우리나라에는 조선시대 정조 때 중국으로부터 들어왔다고 해요. 그 이후에 들어왔다
는 자료도 있고요. 어쨌든 굉장히 낯선 식물이라서 그런지 잘 알려지지 않았어요. 그

래서인지 1970년대까지만 해도 땅콩이라는 지금의 이름보다 중국에서 부르는 이름인 낙화생 또는 화생으로 많이 불렸어요.

땅속에 열매가 달리다 보니 감자나 고구마처럼 줄기나 뿌리에서 생기는 것으로 생각하기 쉽지만 그렇지 않아요. 노랗게 핀 땅콩의 꽃에서 수정이 이뤄지고 나면 씨방자루라고 부르는 부분이 길어지면서 땅속으로 파고 들어가서 그 끝에 땅콩이 자라나기 시작해요. 줄줄이 땅속으로 파고드는 씨방자루를 보면 뿌리가

땅콩밭

그러는 것처럼 정말 신기해요. 일반적인 식물과 달리 땅속에서 열매를 맺는 방식이라 굉장히 특이해요. 이렇게 땅속에서 열매를 맺으면 동물이 함부로 따먹을 수 없어 안전한가 봐요. 보통 콩과 식물은 익으면 꼬투리가 벌어지지만, 땅콩은 땅속에서 익으므로 예외적으로 벌어지지 않는 열매에 속해요.

땅속에 생긴 어린 열매

땅속에 생긴 열매

볶아 먹기, 식용유, 버터, 사료

우리나라나 중국 같은 아시아에서는 대개 땅콩을 볶거나 소금에 절여 먹어요. 사탕이나 빵 또는 아이스크림에 넣어서 먹기도 하고요. 우리나라에서는 정월대보름에 먹는 견과류 중 하나예요.

많은 나라에서 식용유를 얻기 위해 땅콩을 심어요. 또는 버터로 만들어 먹기도 하고요. 그 밖에 사료로 쓰기도 해요.

닮은 친구 **결명자**

땅콩과 가장 많이 닮은 친구는 '결명자(決明子)'예요. 긴강남차라고도 하고 주로 차로 마시는 결명자는 눈을 맑게 해준다고 해서 붙여진 이름이에요. 결명자도 땅콩과 같은 콩과 식물이라 잎만 보면 헷갈려요. 그럴 땐 작은잎의 수를 세어 보면 돼요. 작은잎이 2쌍(4개)이면 땅콩, 3쌍(6개)이면 결명

땅콩이 부러워할 만한 키로 크는 결명자

자예요. 결명자는 꽃 필 무렵이면 부쩍 커지면서 땅콩이 부러워할 만한 키로 자라고, 열매가 가늘고 길쭉하게 달려서 쉽게 구분돼요. 꽃도 비슷해 보이지만 결명자의 꽃은 나비 모양이 아니라서 달라요.

결명자의 꽃

결명자의 3쌍(6개)의 작은잎

결명자의 길쭉한 열매

땅속에서 열매 맺는 식물

흔한 건 아니지만, 드물게 땅콩처럼 땅속에서 열매 맺는 친구들이 있어요. 그중 하나가 새콩이에요. 새콩은 산자락에서 흔히 자라고, 꽃잎 끝부분이 연한 보라색인 꽃이 피었다가 진 후 열매를 맺는 식물이에요. 그런데 꽃에서 맺는 열매로는 만족하지 못했을까요? 새콩은 땅속에 훨씬 더 큰 열매를 맺어요. 그래서 혹시 누군가에 의해 뽑히더라도 새로 자랄 수 있어요. 이 땅속의 열매는 사람이 먹을 수 있으므로 잘 개발하면 미래의 식량으로 삼을 수 있어요.

꽃잎 끝부분이 연한 보라색인 새콩

땅속에 생긴 새콩의 열매

첫눈 오는 날의 약속
봉선화 (봉선화과)

Impatiens balsamina L.
전국의 화단에 심으며
7~8월에 꽃 피는 한해살이풀

제주도 서귀포시의 봉선화

　꽃의 생김새가 머리와 날개를 펴고 날아가려는 봉황새를 닮아서 봉선화(鳳仙花)라고 해요. 봉황은 용처럼 상상의 동물이에요. 봉선화에는 여러 다른 이름이 있는데, 그 중에서도 '봉숭아'라는 이름이 우리의 귀에 가장 친근하게 들려요. 한자 이름 봉선화가 봉숭화로 되었다가 봉숭아가 된 것으로 보여요.

　봉선화는 우리나라 전국의 시골 돌담 밑에서 흔히 볼 수 있는 친구예요. 어렸을 적에 할머니께서 손톱에 물을 들여주신 추억이 있는 꽃인데, 그것을 봉선화 물이라고 하지 않고 봉숭아 물이라고 했어요.

　인도, 말레이시아, 중국이 고향인 친구지만 우리나라에서는 고려시대 이전에 들여왔다고 해요. 이제는 전국에서 심어 길러요.

생김새 좌우대칭 꽃, 잔 톱니가 있는 잎, 손 대면 터지는 열매

줄기는 곧게 자라고 털이 없으며 아래쪽이 붉은빛이 돌아요. 꽃은 붉은색, 분홍색, 보라색, 흰색 등 여러 색으로 피고 좌우대칭이에요. 잎겨드랑이에 2~3개씩 달리며 샘털이 있는 짧은 꽃자루 끝에 옆을 향해 피어요. 꽃받침잎과 꽃잎은 각각 3개씩 달려요. 꽃받침잎 3개 중 가운데의 1개가 꽃잎 모

봉선화의 꽃 구조

양이고 꿀주머니가 되어 꽃 뒤로 길게 자라 둥글게 살짝 말려요. 수술은 5개이고 암술은 1개예요. 잎은 어긋나기하고 길쭉하며 끝이 뾰족하고 가장자리에 잔 톱니가 있어요. 열매는 달걀 모양이고 끝이 뾰족하며 표면에 털이 아주 많아요. 익으면 저절로 터지면서 황갈색 씨가 튕겨 나와요. 사람이 손으로 건드려도 터지면서 씨가 튕겨 나와요.

붉은색 꽃과 잎

겹꽃

표면에 털이 많은 열매

이야기 첫눈 오는 날까지 물들어 있어라, 우리나라 최초의 가곡

봉선화는 손톱에 물들이는 것으로 우리와 친근한 친구예요. 그것을 봉숭아 물들인다고 말해요. 매니큐어와 네일 아트가 많이 유행하는 요즘은 봉숭아 물들이는 일이 많이 사라지는 편이에요. 봉선화의 꽃과 잎을 따서 괭이밥의 잎을 넣고 백반이나

소금을 함께 넣어 돌로 찧은 다음 손톱에 싸매서 하룻밤 정도 자고 나면 예쁘게 물이 들어요. 백반으로만 물들이는 것보다 괭이밥의 잎을 섞으면 더욱 예쁘게 물들어요. 시간이 지나면서 손톱이 자라나면 봉숭아 물든 부분이 점점 줄어들어요. 만약 손톱에 물든 부분이 첫눈이 올 때까지 남아 있으면 첫사랑이 이루어진다는 이야기가 있어요.

집 주변에 심은 봉선화

손톱을 예쁘게 보이려고 재미로 하는 일이지만 아이들이 곧잘 죽곤 했던 옛날에는 나쁜 귀신으로부터 보호하려고 시작했을 것이라고 해요. 실제로 봉선화는 나쁜 기운을 쫓아낸다고 해서 장독대 주변에 많이 심어요. 봉선화에서 나는 냄새 때문에 뱀이나 개구리가 함부로 집 안으로 들어오지 못한다고 해요.

우리나라 최초의 **가곡** 이름이 《봉선화》이기도 해요. 김형준 시인이 시를 쓰고 홍난파 선생이 곡을 붙였다는 자료가 있지만 실제로는 그렇지 않아

• 가곡(歌曲): 시에 곡을 붙인 성악곡 = 예술가곡

요. 홍난파 선생이 1921년에 먼저 『처녀혼』이라는 단편집을 내면서 그 서장에 「애수」라는 제목의 악보를 실었는데, 뒤에 김형준 시인이 가사를 붙이면서 가곡 《봉선화》가 탄생했다고 해요. 어쨌든 3·1운동이 있었던 1919년 다음 해인 1920년에 발표된 가곡이에요.

<**봉선화**>

울 밑에 선 봉선화야 네 모양이 처량하다

길고 긴 날 여름철에 아름답게 꽃 필 적에

어여쁘신 아가씨들 너를 반겨 놀았도다

3절까지 있는 이 노래는 일제 강점기에 나라 잃은 우리 민족의 모습을 초라한 초가집 울타리 밑에 핀 봉선화에 비유한 것이라고 해요. 그래서 반일 사상이 담겼다는 이유로 노래 부르는 것을 일제가 금지하기도 했어요.

쓰임새 봉숭아 물, 꽃을 보는 식물

봉선화는 꽃과 잎으로 손톱을 물들이는 데 써요.

다양한 통증을 없애주는 데에 꽃과 뿌리를 약으로 쓴다고도 해요. 하지만 기본적으로 봉선화 친구들은 몸에 독 성분을 지녔으므로 함부로 약으로 쓰는 것은 좋지 않아요. 대개 화단이나 정원에 꽃을 보기 위해 심어요.

닮은 친구 물봉선, 흰물봉선, 노랑물봉선

봉선화 못지않게 습한 곳을 좋아하는 친구로 '물봉선'이 있어요. 물봉선은 이름처럼 줄기와 꽃 전체가 물기로 가득해서 꽃봉오리를 비벼보면 물이 되어서 주르륵 흘러내리는 느낌이에요. 긴 방망이 모양으로 익은 열매를 건드리면 꾸르륵 하는 소리와 함께 터지면서 씨가 튀어나와요.

잎이 넓은 버들잎 모양인 물봉선

물봉선과 거의 비슷하면서 흰색 꽃이 피는 친구는 '흰물봉선'이라고 해요. 봉선화와 비교해 물봉선이나 흰물봉선은 잎이 넓은 버들잎 모양인 점이 달라요.

노란색 꽃이 피는 친구는 '노랑물봉선'이라고 해요. 노랑물봉선은 꽃의 색도 다르지만, 잎이 긴 타원 모양인 점도 달라요. 게다가 꿀주머니의 모양도 달라요. 물봉선이나 흰물봉선은 꿀주머니가 한 바퀴 이상 또르르 말리는데 노랑물봉선은 반 바퀴 정도만 말려요. 그래서 말렸다기보다 외려 풀린 것처럼 보여요.

물봉선과 닮았으나 꽃이 흰색인 흰물봉선

꿀주머니가 반 정도만 말리는 노랑물봉선

일제 강점기

우리나라가 일본 제국의 통치 아래에 있었던 기간을 일제 강점기라고 해요. 1910년부터 1945년까지 35년간 나라의 권리를 빼앗긴 채 일본의 지배를 받은 시기예요. 계속되는 무단 통치에 견디다 못한 우리가 1919년에 3·1운동을 일으키자 일제는 문화적 통치를 하겠다며 방향을 바꿔요. 하지만 우리 땅을 전진 기지 삼아 중국에 진출하려던 일제는 1931년에 만주사변을 일으키면서 우리 민족을 말살하는 정책을 펼쳤어요. 그러다 1945년 8월 15일 태평양 전쟁에서 일본 제국이 패망하면서 일제 강점기도 막을 내리게 되었어요.

흐붓한 달빛 아래 소금 뿌린 듯이 피는 꽃

메밀 (마디풀과)

Fagopyrum esculentum Moench
전국의 밭에 심고 저절로 퍼져 자라기도 하며
7~10월에 꽃 피는 한해살이풀

경북 울릉도 나리분지의 메밀

메밀은 산을 뜻하는 우리말 '뫼(메)'와 '밀'이 합쳐진 말이에요. 모밀이라고도 하지만 그건 사투리예요. 이효석 작가의 『메밀꽃 필 무렵』이라는 유명한 옛 소설도 처음에 발표될 때는 『모밀꽃 필 무렵』이었다고 해요.

이 작품에서 '산허리는 온통 메밀밭이어서 피기 시작한 꽃이 소금을 뿌린 듯이 흐붓한 달빛에 숨이 막힐 지경이다.'라고 메밀꽃 핀 풍경을 묘사해요. 여기서 '흐붓한'을 '흐뭇한'으로 바꿔 쓰기도 하지만 '흐붓한'은 '흐벅지다'에서 나온 말로 '탐스러울 정도로 두툼하고 부드럽거나 양이 많다'는 뜻이에요. '흐뭇한'보다 '흐붓한'이 훨씬 더 문학의 맛을 살려주는 것을 알 수 있어요. 사전에 없는 말이더라도 작가가 의도한 말의 느낌을 되도록 살려주는 것이 좋아요.

생김새 흰색 꽃, 삼각형의 잎, 삼각뿔의 열매

줄기는 가지가 갈라지는 편이고 속이 비었으며 연한 녹색이지만 붉은빛을 띠기도 해요. 꽃은 잎 겨드랑이와 가지 끝에 달리는 꽃차례에 흰색 또는 분홍색으로 모여 피어요. 화피조각은 5개이고 열매가 익을 때까지 오래도록 달리는 편이에요. 수술은 8개인데 바깥쪽에 5개, 안쪽에 3개가 있어요.

메밀의 꽃 구조

꽃밥은 붉은색 또는 흰색이에요. 암술대는 3개예요. 잎은 어긋나기하고 삼각형이며 가장자리는 밋밋하고 끝은 뾰족해요. 열매는 세모진 달걀 모양이고 윤기가 나요.

꽃밥이 흰색인 꽃

삼각형의 잎

세모진 달걀 모양의 열매

이야기 인생에서 한 번뿐인 사랑의 추억

이효석 작가의 단편소설 『메밀꽃 필 무렵』은 한국 문학에서 가장 서정적인 단편소설로 꼽혀요. 작가의 고향 부근인 강원도 평창군 봉평면과 대화면의 장터를 배경으로 한 소설이에요. 주요 등장인물은 세 명이에요. 닷새마다 열리는 장을 정처 없이 돌아다니며 여러 옷감을 파는 장돌뱅이인 허생원과 그의 친구 조선달, 그리고 젊은 장돌뱅이인 동이예요. 허생원은 못난 얼굴과 가난과 소심한 성격 때문에 평생 혼자 사는 사람으로, 젊은 시절 봉평에서 성서방네 처녀를 만나 맺은 하룻밤의 추억을 잊지 못해 자신의 분신과도 같은 나귀를 데리고 봉평장을 거르지 않고 찾아가요.

그러던 어느 날, 봉평장이 끝나고 술집에 들렀다가 아들뻘인 동이가 자신이 마음에 두고 있던 충줏집과 노닥거리는 모습을 보고 허생원은 장돌뱅이 망신은 네가 다 시킨다며 따귀까지 올려붙여서 내쫓아요. 그런데도 동이는 허생원의 나귀가 김첨지의 암컷 나귀에 흥분해 동네 아이들의 놀림감이 되는 것을 보고 급히 허생원에게 알려줘요. 그 일로 동이가 소문과 달리 착하다는 사실을 안 허생원은 동이와 함께 밤길을 걸어서 대화장으로 가기로 해요. 장은 보통 아침에 열리므로 장돌뱅이들은 밤길을 걸어서 이동해요. 그날 밤길을 걸으며 달빛 아래 소금을 뿌린 듯이 빛나는 메밀꽃을 보면서 허생원은 그간 조선달에게 숱하게 했던, 자신이 봉평에서 메밀꽃 필 무렵에 겪었던 성서방네 처녀와의 이야기를 또 늘어놓아요. 그 당시 어려운 처지에 놓였던 성서방네 집안의 딸인 그 처녀는 그날 밤 우연히 허생원을 만나요. 억지로 시집가기 싫어하는 자신의 처지를 허생원에게 울면서 이야기하다가 그만 마음이 통하고 말았어요.

다음 날, 그녀가 충북 제천으로 도망갔다는 사실을 안 허생원은 제천을 몇 번이나 가서 뒤졌으나 그녀를 찾을 수 없었어요. 첫날밤이 마지막 밤이 된 그 추억을 잊지 못해 봉평장을 다닌 지 어느덧 반평생이 지났고, 죽을 때까지 장돌뱅이의 길을 걸으며 저 달을 보겠다고 허생원은 말해요. 그러면서 낮에 있었던 일에 대해 동이에게 사과해요. 그러자 동이는 부끄럽다며 자신이 아버지 없이 홀어머니와 충북 제천에서 사는 처지라고 이야기해요. 재혼한 어머니의 남편이 자신과 어머니를 못살게 굴어서 열여덟 살 때 집을 뛰쳐나와 장돌뱅이가 되었다는 말도 해요.

그런데 동이의 어머니는 원래 제천 사람이 아니라 봉평 사람이며 친아버지에 대해서는 들은 것이 없어서 이름도 모른다고 해요. 그 이야기를 듣던 허생원은 그만 장마 끝자락에 불어난 개울에 몸째 풍덩 빠져요. 쫄딱 젖은 허생원을 구해 업고 가면서 동이는 어머니가 친아버지를 늘 한번 만나고 싶다고 했고, 재혼한 남편과는 갈라져서 현재 제천에서 산다고 이야기해요. 개울을 다 건넜는데도 동이의 따뜻한 등에 좀 더 업혀 있었으면 하던 허생원은 내일 대화장 보고는 오랜만에 제천으로 가겠다고 해요. 그러면서 동이에게도 동행할 것을 권유해요. 동이의 채찍이 왼손에 들린 것을 보면서 동이도 자신처럼 왼손잡이라는 사실을 안 허생원은 발걸음이 가벼워져요. 나귀의 방울 소리가 밤 벌판에 청청하게 울리고, 달이 어지간히 기울어졌다면서 소설은 끝나요.

메밀밭

동이는 과연 허생원의 아들이 맞을까요? 대화장이 끝나고 제천으로 가서 동이의 어머니가 그 성서방네 처녀가 맞는지 확인해 보았을까요? 독자의 상상에 맡기는 결말이어서 알 수는 없어요. 어쨌든 그 작품으로 인해 강원도 평창군 봉평면에서는 매년 10월이면 효석문화제가 열려요.

쓰임새 메밀국수, 막국수, 꿀을 얻는 식물

메밀의 열매로 가루를 내어 묵이나 국수로 만들어 먹어요. 메밀가루는 원래 흰색인데 껍질을 같이 갈아 넣거나 보릿가루를 섞어서 거무스름해요. 흰색이면 밀가루라고 오해하기 때문에 일부러 검게 만든다고 해요. 메밀을 막 갈아서 만든 국수를 막국수라고 해요. 메밀국수나 막국수나 지금은 별 차이가 없어요. 찬 성질이 강해서 대개 여름에 많이 먹어요.

꽃에 꿀이 많아서 꿀을 얻는 식물로 메밀을 무리 지어 심기도 해요.

닮은 친구 **약모밀**

식물 이름에는 메밀보다 모밀이 잘 쓰여요. '약모밀'이라는 친구도 그래요. 약모밀은 잎의 모양이 삼각형인 것이 메밀과 아주 비슷해요. 물고기 비린내가 나는 풀이라는 뜻에서 '어성초(魚腥草)'라는 약재 이름으로 불려요. 주로 심어 기르지만, 울릉도나 안면도에서는 야생화하여 저절로 자라기도 해요.

약모밀

그거 알아요?

왼손잡이는 유전되지 않는다

동이와 허생원이 같은 왼손잡이라는 내용은 작가가 일부러 만들어놓은 소설적 장치예요. 동이가 자기 아들일지도 모른다는 생각을 허생원이 하게 하고, 독자에게도 동이가 허생원의 아들일지 모른다는 상상을 하게 만들려는 것이에요. 하지만 오른손잡이나 왼손잡이는 유전자에 의해 결정되는 것이 아니므로 유전되는 성질이 아니에요. 이효석 작가는 과연 그 사실을 알았을까요? 몰랐을 것 같지만, 혹시 알았으면서 일부러 그런 설정을 했는지도 모르겠어요.

가을이 아니라 여름부터 피는 청초한 아가씨
코스모스(국화과)

Cosmos bipinnatus Cav.
전국의 도로변이나 공터에 심으며
6~10월에 꽃 피는 한해살이풀

전북 정읍시의 코스모스

  질서와 조화를 뜻하는 그리스어 kosmos에서 코스모스(cosmos)라는 이름이 유래되었다고 해요. 고대 그리스인들은 만물이 조화롭고 질서 있게 어울리는 상태를 우주로 생각했고, 그래서 코스모스에는 우주라는 뜻도 있어요. 그 우주가 생겨나기 전의 무질서한 혼돈의 상태를 카오스(chaos)라고 하는데, 그것과 반대라고 생각하면 돼요. 멕시코가 원산지인 코스모스는 바깥쪽의 꽃이 질서 있게 자리 잡은 모습이 정말 조화롭게 보이는 친구예요.

  북한에서는 '살사리꽃' 또는 '살살이꽃이'라는 정겨운 이름으로 부른다고 해요. 바람이 불 때마다 한들거리는 모습이 눈웃음치며 살살거리는 모습으로 보이는가 봐요. 가냘픈 모습에 잘 어울리는 이름 같아요.

생김새 머리모양꽃차례, 노란색 관모양꽃, 실처럼 가느다란 잎

줄기는 가늘고 위쪽에서 가지가 많이 갈라져요. 꽃은 가지와 줄기 끝에 1개씩 달리는 머리모양꽃차례에 피어요. 향기가 나고 색은 분홍색, 진보라색, 붉은색, 흰색 등 매우 다양해요. 꽃차례의 가장자리에는 혀모양꽃이 6~8개가 달려요. 꽃차례의 가운데에는 관모양꽃이 여러 개가 모여 달리고 노

가장자리의 혀모양꽃은 **6~8개**
가운데의 관모양꽃은
노란색이고 여러 개
코스모스의 꽃 구조

란색이에요. 제꽃가루받이가 되는 것을 피하려고 수술이 먼저 자라고 나중에 수술 사이에서 암술이 돋아요. 총포는 2줄로 배열해요. 잎은 마주나기하고 2회 깃 모양으로 실처럼 매우 가늘게 갈라져요. 잎이나 줄기를 비벼보면 특유의 향기가 나요. 열매는 가운데의 관모양꽃에서만 맺으며 끝에 부리 모양의 돌기가 있어요.

흰색 꽃

가늘게 갈라진 잎

부리 모양의 돌기가 있는 열매

이야기 가을의 전령사일까?

코스모스는 언제 우리나라에 들어왔을까요? 어떤 자료를 보면 1930년대 서울 지역 식물 목록에 코스모스가 나타나지 않았다며 해방(1945년) 이후에 들여온 것으로 본다는 설명이 있어요. 안타깝지만 그건 정말 잘못된 추측이에요. 한국인이 좋아하는 3대 저항 시인 중 한 명인 윤동주(1917~1945) 시인이 1938년에 이미 〈코스모스〉라는 제

목의 시를 썼거든요.

<코스모스>

윤동주

청초(淸楚)한 코스모스는
오직 하나인 나의 아가씨,

달빛이 싸늘히 추운 밤이면
옛 소녀(少女)가 못 견디게 그리워
코스모스 핀 정원(庭園)으로 찾아간다.

코스모스는
귀또리 울음에도 수줍어지고,

코스모스 앞에선 나는
어렸을 적처럼 부끄러워지나니,

내 마음은 코스모스의 마음이오
코스모스의 마음은 내 마음이다.

그러니 코스모스는 해방되기 훨씬 전에 들어온 식물이에요. 정확하게 알려진 건
아니지만 1910년대에 들어왔을 것으로 봐요. 확실하게 계절을 말한 건 아니지만 이

시에서는 가을을 이야기하는 분위기가 느껴져요.

"코스모스 한들한들 피어 있는 길~ 향기로운 가을 길을 걸어갑니다~"라고 시작되는 유명한 대중가요에서도 코스모스를 가을꽃으로 노래해요. 옛날에는 그렇게 가을경에 활짝 핀 코스모스 풍경을 많이 본 것 같아요.

코스모스

그런데 요즘에는 여름부터 코스모스의 꽃을 볼 수 있어요. 계절과 관계없이 꽃이 피는 품종이 나와서 그런지 아니면 지구온난화 때문인지 5월부터 피기도 해요. 그래서 가을꽃이 아니라 여름꽃처럼 느껴져요. 그런데도 아직도 코스모스를 가을꽃으로 여기고는 가을의 전령사라고 표현하는 기사를 보게 돼요. 가을을 알리는 꽃은 이제 코스모스가 아닌 다른 꽃에서 찾아보는 것이 좋아 보여요.

쓰임새　꽃을 보는 식물

눈이 충혈되거나 붓고 아플 때 코스모스의 줄기와 잎을 달여 먹으면 효과가 있다고 해요. 하지만 코스모스는 대개 꽃을 보기 위해 심어요. 한두 포기보다는 무리 지어 심는 경우가 많아요.

닮은 친구　노랑코스모스, 큰금계국

여름에 주황색 꽃이 피는 친구는 '노랑코스모스'라고 해요. 주황색 꽃인데 왜 노랑코스모스라고 하는지 모르겠어요. 어쨌든 꽃의 색이 대개 주황색에 가까운 금색이라 황금코스모스라고도 해요. 잘 살펴보면 노랑코스모스는 잎이 코스모스보다 넓고 끝이 뾰족한 점도 달라요.

코스모스와 닮았지만, 잎이 넓고 3~5갈래로 갈라지기도 하면서 초여름부터 진한 노란색 꽃을 피우는 친구는 '큰금계국'이에요. 꽃을 감상하려고 심기 시작했는데 야생으로 퍼져나갔어요. 특히, 바닷가 모래땅에서 잘 퍼져 자라요.

꽃이 주황색인 노랑코스모스

야생으로 퍼져나가 자라는 큰금계국

 **그거 알아요?**

코스모스 졸업

대학교나 대학원에서도 코스모스라는 단어를 쓸 때가 있어요. 3월에 입학하지 않고 9월에 입학하게 되면 코스모스 입학이라고 해요. 졸업식을 2월에 하지 않고 8월에 하게 되면 코스모스 졸업이라고 하고요. 코스모스가 필 때 입학하거나 졸업하는 경우 코스모스를 넣어서 말하는 것이에요. 이것 역시 코스모스를 가을에 피는 꽃으로 보고 만들어낸 말 같아요.

땅에서 나는 천연 인슐린

뚱딴지 (국화과)

Helianthus tuberosus L.
전국에 밭이나 길가에 심으며
8~10월에 꽃 피는 여러해살이풀

경북 칠곡군의 뚱딴지

　길을 가다 보면 작은 해바라기가 피었네, 하고 착각하게 만드는 친구가 있어요. 이름하여 뚱딴지예요. "그게 무슨 뚱딴지 같은 소리니?"라고 할 때의 그 뚱딴지예요. 뚱딴지의 뿌리 쪽에 달리는 덩이줄기를 '돼지감자'라고 하는데, 그 돼지감자처럼 둔하고 무뚝뚝한 사람을 가리켜 뚱딴지라고 하던 것이 지금은 엉뚱한 행동이나 말을 하는 것을 가리키는 말로 변했어요. 돼지감자라는 이름은 뚱딴지의 덩이줄기가 감자처럼 생겼고, 돼지의 먹이로 주기에 좋아서 붙여졌어요. 맛은 감자와 무를 합쳐놓은 것처럼 밍밍해요. 그런데 돼지의 먹이로나 주던 이 돼지감자, 아니 뚱딴지에 당뇨병에 좋은 성분이 있다는 사실이 알려지면서 여러 곳에서 재배하기 시작했어요.

<u>생김새</u> 덩이줄기, 노란색 꽃, 거친 톱니가 있는 잎

땅속에 덩이줄기가 발달해요. 줄기는 곧게 서고 가지가 갈라지며 사람 키보다 크게 자라요. 전체에 짧고 거친 털이 있어요. 꽃은 줄기와 가지 끝에 1개씩 달리는 지름 8㎝ 내외의 머리모양꽃차례에 모여 피어요. 가장자리에 노란색의 혀모양꽃이 10~15개 정도 달리고, 가운데에는 짙은 노란색의

가장자리에는 노란색 혀모양꽃이 **10~15개**

가운데에는 짙은 색의 관모양꽃이 여러 개

뚱딴지의 꽃 구조

관모양꽃이 여러 개가 달려요. 총포조각은 2~3줄로 배열해요. 잎은 줄기 아래쪽에서는 마주나기하고 위쪽에서는 어긋나기해요. 긴 타원 모양이고 끝이 뾰족하며 가장자리에 거친 톱니가 있어요. 열매는 비늘조각 모양의 돌기가 있어요.

거친 톱니가 있는 잎

돼지감자라 부르는 덩이줄기

비늘조각 모양의 돌기가 있는 열매

<u>이야기</u> 북아메리카 인디언의 식량에서 천연 인슐린으로

뚱딴지는 북아메리카가 고향인 친구로, 인디언들의 중요한 식량이었어요. 그러던 것이 17세기 초에 유럽으로 전파되면서 알려지기 시작했어요. 유럽에서는 요리에 넣는 식품으로 많이 이용하며 프랑스에서는 쪄서 먹거나 가축의 사료로 쓰려고 오래전부터 심어왔다고 해요.

그랬는데 뚱딴지의 돼지감자에는 천연 **인슐린**으로 불리는 이눌린(inulin) 성분이 많

이 들었다는 사실이 밝혀졌어요. 천연 인슐린으로
불리는 이눌린은 혈당을 낮춰주는 효과가 있어요.
이눌린이 든 식물이 어느 정도 있지만 이제껏 밝

혀진 바에 따르면 이눌린 성분이 가장 많은 것이 돼지감자이고, 일반 감자의 약 75배
의 이눌린이 있다고 해요. 그동안 돼지의 먹이로 주었으니 돼지 좋은 일만 시킨 셈이
에요.

어쨌든 당뇨병에 좋다고 알려지면서 전국에서 뚱딴지를 많이 재배하기 시작했어
요. 당연히 농가 소득에 보탬이 되는 작물이 되었고요. 사실 뚱딴지는 아무리 뽑아내
도 땅속에 덩이줄기가 계속 남아 자라나므로 한 번 번지기 시작하면 막기 어려워서
귀찮을 정도라고 했던 식물이에요. 그래서 일부러 심어 기르기도 하지만 야생으로
퍼져나가 자라는 것도 있어요. 그랬던 돼지감자가 이제는 고마운 식물 대접을 받게
되었어요.

돼지감자를 시원하고 어두운 곳이나 냉장고에 보관하는 것이 좋다고 해요. 높은
온도에 두면 감자처럼 싹이 나오기 때문이에요.

쓰임새 요리용, 사료용, 독성이 없는 식물

뚱딴지의 돼지감자는 생으로 먹었을 때 그 효능이 가장 좋다고 해요. 맛은 조금 밍
밍하지만 아삭한 식감이 좋아서 날것으로 먹을 수 있어요. 이눌린 같은 성분의 손실
을 막으려면 그렇게 생으로 먹거나 튀김으로 활용하면 좋다고 해요. 물론 구워 먹어
도 되고 볶아서 먹어도 돼요. 졸임이나 장아찌로 먹기도 하고, 말려서 차로 마시기도
해요. 흙이 많이 묻어 있어 깨끗이 씻어서 활용해야 하지만 껍질에도 영양성분이 많
으므로 가능하면 껍질째 먹는 것이 좋다고 해요.

그 밖에도 인과 칼륨이 풍부한 식품이고, 열량이 낮아 다이어트 식품으로도 활용
한다고 해요.

시장에서 파는 뚱딴지의 덩이줄기

사료로 쓸 때는 전체를 다 이용해요.

독성분이 없어서 아무리 많이 먹어도 해롭지 않지만, 너무 많이 먹으면 소화가 잘 되지 않는다고 해요.

닮은 친구 해바라기

뚱딴지와 비슷한 친구는 '해바라기'예요. 해바라기는 땅속에 덩이줄기가 없고 머리모양꽃차례의 지름이 20~30㎝로 매우 큰 점이 달라요. 뚱딴지와 비교해 꽃차례가 상당히 크지만, 꽃의 모습이나 잎의 모습은 매우 비슷해요.

씨를 얻기 위해 전에는 뚱딴지 못지않게 해바라기도 많이 재배했어요. 해바라기 그림으로 유명한 화가 빈센트 반 고흐가 만약 우리나라에서 살았다면 아름다운 농촌 풍경을 배경으로 한 뚱딴지 그림을 그리지 않았을까 싶어요.

뚱딴지보다 머리모양꽃차례가 큰 해바라기

농촌 풍경을 배경으로 핀 뚱딴지

그거 알아요?

당뇨병

인슐린의 분비가 부족하거나 정상적이지 않을 때 생기는 병이 당뇨병이에요. 핏속에 포도당이 많은 점이 특징이고, 소변으로 포도당을 내보내게 돼요. 그러면 소변량이 늘어 화장실을 자주 가게 되고 체중이 빠져요. 이런 상태가 오래되면 여러 가지 병이 함께 나타나면서 삶의 질이 나빠져요. 당뇨병의 원인은 여러 가지가 있지만 너무 잘 먹어서 생기는 병이므로 평상시에 적당히 먹고 규칙적으로 운동하는 습관을 들이는 것이 꼭 필요해요.

찾아보기

한계령풀 군락을 촬영하는 혁이삼촌

도서출판 이비컴의 실용서 브랜드 **이비락**⑱은 더불어 사는 삶에 긍정의 변화를
줄 유익한 책을 만들기 위해 노력합니다.

원고 및 기획안 문의 : bookbee@naver.com